❶ 由路易吉·莫瑞蒂设计的商住综合体

❷ 由特拉尼设计、位于科莫的朱丽亚诺·弗尼基奥公寓

❶ 由特拉尼设计、位于科莫的圣伊利亚幼儿园

❷ 位于曼图亚的茶邸看向花园

❶　位于曼图亚的圣塞巴斯蒂安教堂

❷　位于都灵、由瓜里尼设计的神圣裹尸布小礼拜堂穹顶

❶ 位于都灵、由瓜里尼设计的卡里尼亚诺宫

❷ 威尼斯圣马可广场夜景

❶ 西扎在朱代卡岛上设计的住宅

❷ 由斯卡帕设计的布里昂家族墓地礼堂

❶ 由斯卡帕设计的卡诺瓦雕塑博物馆扩建项目

❷ 基利卡迪府邸

❶ 圆厅别墅

❷ 位于维罗纳的圆形露天剧场

❶ 由斯卡帕设计的维罗纳老城堡博物馆

❷ 英诺森提育婴院绅士庭

1 从洛伦佐图书馆回廊看圣母百花大教堂穹顶

2 修女与佛罗伦萨圣马可修道院

3 从拱门看锡耶纳坎波广场

❶ 锡耶纳坎波广场

❷ 罗马万神庙山花

❸ 罗马斗兽场

① 罗马斗兽场顶层平台

② 由伯尼尼设计的圣彼得大教堂列柱廊

③ 庞贝古城中心遗址

❶ 罗马巴贝里尼宫

❷ 帕埃斯图姆赫拉第二神庙

世界建筑漫游指南
The World Architecture Travel Guide

意大利

古罗马的传承：从神庙到现代住宅

ITALIAN ARCHITECTURE
FROM ANCIENT ROME TO MODERN TIME

张洁　周睿哲　| 编著　赵世骏　| 绘图

Giuliano De Medici

机械工业出版社
CHINA MACHINE PRESS

这是一本建筑导览手册，目的地是与中国历史同样悠久的古国意大利。书中选取了100个建筑。在地域上从北部的米兰—都灵—热那亚三座工业城市，威尼斯及其周边，到中部的佛罗伦萨—罗马地区，一直延伸到南部的那不勒斯与西西里岛；而在时间上则上至古希腊、古罗马时期的神庙与广场，历经文艺复兴、巴洛克建筑的辉煌，直至现当代作品。虽然对于以艺术著称的意大利而言，这些作品只是冰山一角，却能让读者对意大利全境上下千年的建筑建立起一个初步但较为全面的了解。为了更好地理解这些建筑，全书以城市为单元进行划分，并对这些城市的特点进行简略介绍。此外，书中配有大量生动活泼的手绘插图，为读者提供了另一种观察视角。

图书在版编目（CIP）数据

意大利：古罗马的传承：从神庙到现代住宅 / 张洁，周睿哲编著.
—北京：机械工业出版社，2018.7
（世界建筑漫游指南）
ISBN 978-7-111-59879-4

Ⅰ.①意⋯　Ⅱ.①张⋯②周⋯　Ⅲ.①建筑史—意大利—指南　Ⅳ.①TU-095.46

中国版本图书馆CIP数据核字（2018）第092623号

机械工业出版社（北京市百万庄大街22号　邮政编码100037）
策划编辑：时　颂　责任编辑：时　颂
责任校对：庞秀云　封面设计：张　洁　赵世骏
责任印制：常天培
北京联兴盛业印刷股份有限公司印刷
2018年6月第1版第1次印刷
148mm×210mm・8.75印张・6插页・426千字
标准书号：ISBN 978-7-111-59879-4
定价：59.00元

前言
Preface

　　谈及意大利建筑，虽知其浩如烟海，但每每论及则往往局限于一些刻板印象：佛罗伦萨的文艺复兴建筑，罗马的巴洛克建筑，米兰的现代建筑。这些说法固然有其道理，但在理解上却也有失偏颇。因为并非佛罗伦萨就缺乏现代建筑，而米兰也拥有文艺复兴盛期的作品。这本意大利建筑导览手册试图打破一个壁垒，即破除这些单一风格的印象，通过建筑，建立对一个城市完整历史的认知。

　　一座城市的兴衰就如同一个人一生的成败，而随着城市兴衰起伏产生的建筑则反映了这座城市不同时期的特征，对于经历着历史反复冲刷的意大利城市而言尤为如是。不同风格的建筑在城市中的数量、分布的位置以及形式上的变异都在述说着这一时期这座城市的政治、经济等。在阅读这些建筑的时候，也能够感受城市的变迁。

　　本书另一特色则是大量精美的手绘插图。在数码影像技术发达的今天，似乎照片才是表达的主角。然而手绘带着绘者对建筑的理解，细密的笔触下是绘者的思考，也是与读者的交流。

　　本书的编写前后历时一年有余，要感谢机械工业出版社编辑时颂的耐心指导。同时要特别感谢共同参与编写工作的周睿哲和为本书辛苦绘制了大量精美插图的赵世骏。

　　谨以此书献给广大热爱意大利建筑的国内同好。

张洁

目录
Content

第一部分
米兰—都灵—热那亚

1.1 米兰及其周边

1.1.1 米兰
Milan

米兰，古罗马时期被称为米迪欧兰尼恩（Mediolanium），是意大利第二大城市。米兰省的省会和伦巴第大区的首府，位于伦巴第平原上。城市中心著名的、用大理石雕刻成的米兰大教堂（Duomo di Milano），建于1386—1960年间，是世界上最大的哥特式建筑和世界第二大教堂。15世纪50年代到16世纪期间，米兰在艺术上成为文艺复兴时期的重镇。列奥纳多·达·芬奇和伯拉孟特曾在此工作。城市格局是500~600年前建造的，达·芬奇在这里留下了众多手稿和杰作《最后的晚餐》。历史上，米兰一直试图统一意大利北部，但没有成功。15世纪米兰被法国占领，16世纪初被西班牙占领。18世纪奥地利取代西班牙成为米兰的统治者。1800年初期，拿破仑曾短暂地在北意大利成立共和国，以米兰为首都，拿破仑加冕后该共和国变成了意大利王国。此后，米兰又沦为奥地利统治下的伦巴第—威尼斯王国的一部分。它是意大利民族主义运动的一个中心。由于米兰是意大利重要的工业中心，它在第二次世界大战中受到地毯式轰炸。虽然如此，二战之后出现了一批优秀的意大利建筑师和艺术家，掀起了一股新的风潮。这股力量确立了他们在建筑和设计方面的重要地位，在试图寻找独有的"米兰风格"的同时也对当时设计界潮流产生了冲击。

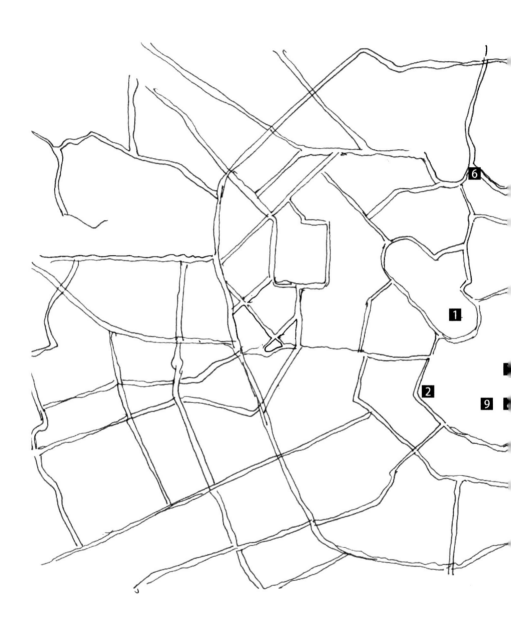

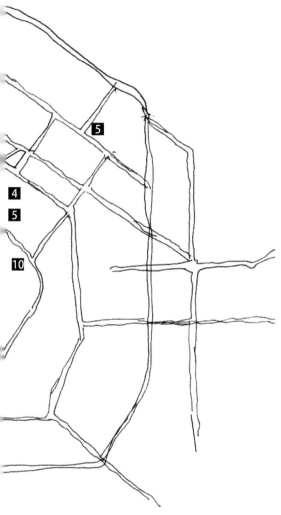

1. 米兰建筑地图

重点推荐建筑：

1. 斯福尔扎城堡（Castello Sforzesco）
2. 圣安布罗斯教堂（Basilica di Sant'Ambrogio）
3. 圣沙堤乐教堂（Basilica di Santa Maria presso San Satiro）
4. 丑宅（Ca' Brutta）
5. 蒙特卡蒂尼大厦和蒙特多利亚大厦（Palazzo Montecatini and Palazzo Montedoria）
6. 方济各教派圣安东尼修会（Convento di Sant' Antonio dei Frati Francescani）
7. 维拉斯卡塔楼（Torre Velasca）
8. 商住综合体（一）（Edificio per abitazioni ed uffici）
9. 商住综合体（二）（Complesso per abitazioni e uffici in Corso Italia）
10. 办公图书大厦（Palazzo per uffici e libreria）
11. 加拉拉泰西集合住宅（Gallaratese II Housing）（未包含在地图中）

2. 斯福尔扎城堡
Castello Sforzesco

建设时间：1366—1499年（首次建设），1891—1905年（修建），1956—1963年（修建）
建筑师：弗朗切斯科·斯福尔扎（Francesco Sforza），BBPR建筑事务所等
地址：Via Torino, 17/19, Milan
建筑关键词：斯福尔扎家族；BBPR建筑事务所改建

　　斯福尔扎城堡位于米兰市中心，和米兰大教堂位于同一轴线上，曾经是统治米兰的斯福尔扎家族的居所，现在安置了数个博物馆。该建筑建于14世纪，由弗朗切斯科·斯福尔扎一世开始修建，其后人进一步加以增改。1515年米兰公国与法国交战后成为军事用地，战后部分建筑被摧毁，直到19世纪意大利统一以后，城堡才得到修复，并不再作军事用途，而是移交给米兰市。其修复工作由卢卡·贝尔特拉米（Luca Beltrami）主持。主入口上方的中央塔楼重建于1900—1905年，为国王纪念碑。

　　二战期间，该城堡受到严重破坏。战后由意大利BBPR建筑事务所操刀重建，作为博物馆使用，现今一层以古代艺术博物馆等为主，二层以家具博物馆、乐器博物馆等为主。BBPR建筑事务所集中重新规划和修复了首层，并试图还原了公爵中庭（Cortile Ducale），精选了当时盛产的黑铁、青铜、石头进行装饰，也是为了寻找一种历史记忆。每个房间墙面上的螺柱、凹槽和轨道制备都具有灵活性，方便更换展品内容，使得每个小空间会随着游览顺序更加具有层次感。军事博物馆（Sale delle Armi）中展品的摆设方式是为了重现文艺复兴时期的舞台布景，主馆（Sale delle Asse）中达·芬奇在顶棚所绘迷宫得以修复，最终展馆中运用类似材料的还原使人们通向米开朗基罗的雕塑《隆旦尼尼的圣殇》（Rondanini Pietà），也是游览的高潮部分。这些巧妙的安排展现了BBPR建筑事务所对于历史、古典、手工艺和工业的尊重与发扬，同时也对极具特色的意大利战后建筑风格产生了影响。

△ 斯福尔扎城堡室内

△ 斯福尔扎城堡主馆中庭

△ 公爵中庭

△ 斯福尔扎城堡前庭

3. 圣安布罗斯教堂
Basilica di Sant'Ambrogio

建设时间：1497—1699年
建筑师：多纳特·伯拉孟特（Donato Bramente）
地址：Piazza Sant'Ambrogio 15，Milan
建筑关键词：伯拉孟特

　　圣安布罗斯教堂位于米兰文化历史区，它的扩建一般被认为出自16世纪文艺复兴时期著名建筑师伯拉孟特。尽管直到伯拉孟特离开米兰，扩建工作还未开展，但后世的建筑师依照伯拉孟特留下的木制模型忠实地完成了设计中重要的修道院和几个小礼拜堂。至16世纪晚期全部竣工时，圣安布罗斯教堂已经是远超规制的宗教建筑群了。20世纪初，该教堂经当时米兰知名建筑师乔瓦尼·穆齐奥（Giovanni Muzio）加建和修缮，如今整个建筑群为米兰圣心天主教大学使用。

△ 圣安布罗斯教堂中庭

扩展知识

　　作为扩建部分的主体，修道院（Chiostri di Sant'Ambrogio）围绕两个紧邻的方形中庭，平面布局让人联想到比伯拉孟特稍早一些的建筑师菲拉莱特（Filarete）的米兰医院。两个庭院分别采用了多立克式和爱欧尼式柱廊，这在当时并不常见。同样不常见的是柱廊拱高7.5米，是正常层高的两倍，这为文艺复兴时期图书馆或食堂等双层建筑提供了新的解决方案。柱廊比例上的处理应该受了菲利普·布鲁乃列斯基（Filippo Brunelleschi）的佛罗伦萨育婴堂（Spedale di Innocenti）的影响。

△ 圣安布罗斯教堂区域俯视

△ 圣安布罗斯教堂大厅

△ 圣安布罗斯教堂前庭

4. 圣沙堤乐教堂
Basilica di Santa Maria presso San Satiro

建设时间：1478—1871年

建筑师：多纳特·伯拉孟特（Donato Bramente）

地址：Via Torino, 17/19, Milan

建筑关键词：伯拉孟特；假透视和视觉陷阱

　　1480年，原先在乌尔比诺执业的建筑师伯拉孟特来到米兰，开始在米兰开展其建筑活动。他首先接手了圣沙堤乐教堂的部分营建工作。与无数存于当世的天主教宗教建筑类似，新教堂重建于中世纪遗址之上并承接其供奉圣人的功能，旧教堂遗存的罗马风钟楼也被重新组织到新教堂中。1472年斯福尔扎公爵出资建造时，比邻的米兰大教堂（Duomo di Milano）业已动工近100年，同样位于米兰老城中心的圣沙堤乐教堂则属于教区教堂，建造的圣器室用作宗教活动的补充。由于资料失考，已经无从知晓伯拉孟特接手时教堂的完成程度，但可以确定的是，密如蛛网的道路系统对场地的分割和对教堂轴线的抑制是伯拉孟特所面临的重要挑战。

　　伯拉孟特在圣沙堤乐教堂的扩建中最为人所津津乐道的是他以透视法创造的狭窄后殿的"进深幻象"。15世纪初期意大利画家已经掌握了精准的透视法并运用在绘画中，使二维的画作给人以极度真实的三维空间感受，在巴洛克时期被称为"视觉陷阱"。伯拉孟特被认为极有可能在乌尔比诺时期师从皮耶罗·德拉·弗朗西斯卡（Piero della Francesca），后者代表画作《理想城市》以一点透视展现了文艺复兴的城市构想。由于场地限制，圣沙堤乐教堂后殿的建造十分局促。伯拉孟特在神龛背后设置了一个深度9.7厘米的层叠浮雕并饰以极有欺骗性的筒穹方格饰样，以此为处于中殿的朝圣者"补全"了一点透视下开间9.7米的后殿。建筑师狡黠地使用了"装饰"营造"空间"，视觉上实现了拉丁十字平面的完形。

△ 圣沙堤乐教堂立面

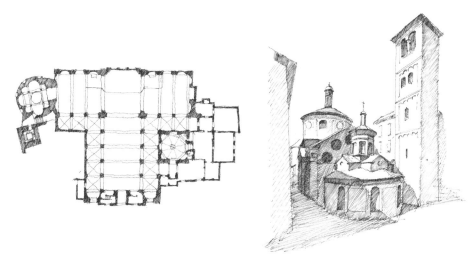

△ 圣沙堤乐教堂平面图　　　　　　　　　　　△ 圣沙堤乐教堂背面

△ 圣沙堤乐教堂室内

5. 丑宅
Ca' Brutta

建设时间：1919—1923年
建筑师：乔瓦尼·穆齐奥（Giovanni Muzio）
地址：via Moscova 12-14，Appiani 2，Mangili 1-6，Milan
建筑关键词：乔瓦尼·穆齐奥；九百派

　　丑宅建于米兰的莫斯科瓦（Moscova）住宅区，是意大利建筑师乔瓦尼·穆齐奥的第一个作品。创作的灵感来自于建筑师的画家朋友卡洛·卡拉（Carlo Carra），卡拉是一位形而上派的画家，他在1915年创作的《神童》在当时的艺术圈引起轰动，它以"原始"和"稚气"对传统艺术发起了冲击，所以丑宅也是一种在艺术上形而上、自由解脱的作品。乔瓦尼·穆齐奥挣脱学术偏见，年仅20岁的他放弃了当时盛行的米兰住宅风格和所谓的"米兰品味"，而是坚持使用强有力的古典建筑语言进行设计，因此，在当时这个作品也受到很多负面的评价，被称为"丑宅"。尽管如此，他认为现代建筑不能只被笼罩在混凝土盒子里，而应该符合人们的情感需求，这一作品为他成为米兰"二十世纪派"（Novecento）的领导者奠定了基础。

　　整个建筑的外立面由曲面构成，乔瓦尼·穆齐奥以这样的方式来增强建筑与周边火车站及中心道路的连接。从立面中可以看出几个特点：一是较低的部分是大理石和石灰石的水平展开，二是建筑立面穿插了很多法国式的灰色假窗，三是顶部附着着白、黑、粉等颜色的大理石。最值得一提的是立面窗扇相对于建筑自身的中心轴线是对称的，但又和周边房屋窗户的位置相对应，消解于城市中，从而形成友好的城市立面。大量使用古典元素来进行建筑构成的方式成为乔瓦尼·穆齐奥最为典型的创作手法，也为之后"九百派"的建筑师们如何运用古典元素提供了最佳的案例。

　　Novecento：译为二十世纪派，创立于1922年，是由一群艺术家及建筑师在米兰创立的学派，学派宗旨是为了追溯古典精神。

△丑宅内街大门

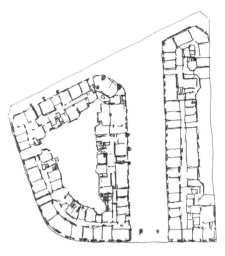

△丑宅平面图

△丑宅立面

△丑宅街景

6. 蒙特卡蒂尼大厦和蒙特多利亚大厦
Palazzo Montecatini and Palazzo Montedoria

蒙特卡蒂尼大厦

建设时间：1936—1951年

建筑师：乔·庞帝（Gio Ponti）

地址：Via Principe Amedeo 2，Milan

建筑关键词：混凝土；比例

　　蒙特卡蒂尼大厦位于米兰市中心商业办公区域，由意大利建筑师乔·庞帝设计。建筑平面呈"H"形展开，凹处空间形成小广场，迎合了街道的需求。这是米兰第一座现代化建筑，二战时部分被摧毁，战后得已重建。室内镶有铝合金，摆放了钣金细部的椅子，设置了具有发光指示的厕所设施和电梯小屋。建筑立面嵌入铝合金窗框与绿色大理石。从这座建筑开始，建筑师乔·庞帝建立了自己在材料和比例上的特色语言。

蒙特多利亚大厦

建设时间：1964—1970年

建筑师：乔·庞帝（Gio Ponti）

地址：Via Pergolesi 25，Milan

建筑关键词：混凝土；比例

　　蒙特多利亚大厦位于米兰卡伊阿佐（Caiazo）街区的街角处，由意大利建筑师乔·庞帝设计。建筑平面呈三角形，由30米高的方形体块和类三角体块正交构成，迎合并延续了周边的建筑，类三角体块上的斜边平行于广场，体量上的错落关系增强了明暗对比。立面上，建筑师跳出传统做法，使用比例更为愉悦的开窗方式和连续层叠的凸出体块来保证充足的光照，这样的立面也呈现了有趣和独特的节奏感。材料上使用绿色陶瓷来增强建筑表皮的光线反射。

△ 蒙特卡蒂尼大厦广场及立面

△ 蒙特多利亚大厦西立面细部

△ 蒙特多利亚大厦西立面

7. 方济各教派圣安东尼修会
Convento di Sant' Antonio dei Frati Francescani

建设时间：1960—1963年
建筑师：雷吉·卡西亚·多米尼奥尼(Luigi Caccia Dominioni)
地址：Via Carlo Farini 10，20154 Milan
建筑关键词：多米尼奥尼；镂空的塔

　　1960年米兰建筑师雷吉·卡西亚·多米尼奥尼接手了米兰方济各教派圣安东尼修会的建设项目。由于教堂已经损毁，修道院补充其功能，同时重新串联起被分隔的教堂与圣器室。建筑以塔的形态面向街道，紧贴教堂延展，高度梯次下降，补足了半圆形后殿形成的剩余空间，向南转折后连接到圣器室，并与之围合起一个下沉庭院。显而易见，建筑师是以庭院回廊的传统修道院形式为思考起点的。建筑的主体——一座29.8米的塔以适度的体量参与到街头街尾两个严肃的教堂立面，同时组织起沿街渐次升高再渐次降低的空间秩序，这种空间秩序同样适用于修道院自身。而从城市出发，这座塔与教堂的钟塔、街对面法西斯时代办公建筑的钟塔一起面向并回应邻近的米兰纪念公墓。

扩展知识

　　修道院外立面整体被六角形烧釉砖覆盖装饰，这种材料被多米尼奥尼大量使用在他所涉及的住宅建筑上，且被同时期的米兰建筑师效仿。1955年，他设计的另一个宗教建筑——米兰圣母学院及修道院（Cenvento e Istituto Beata Vergine Addolorata）落成。在这个项目中，多米尼奥尼以一种砖砌镂空装饰布置3~4层的每个窗口。这种装饰方式同样被使用在圣安东尼奥修道院，不同的是他使用了一种形似雪花的图样并布置在所有窗口，整个塔通透且精致。

△ 方济各教派圣安尼修会塔楼立面

△ 方济各教派圣安东尼修会内院及立面

△ 方济各教派圣安东尼修会塔楼外景

8. 维拉斯卡塔楼
Torre Velasca

建设时间：1951—1958年
建筑师：BBPR建筑事务所
地址：Piazza Velasca 5，Milano
建筑关键词：高塔；商业住宅体

　　维拉斯卡塔楼建成于1958年，由当时著名的事务所BBPR主持设计，场地位于米兰市中心被战争毁坏的地区，被要求设计成为一个商业住宅体，并能重新整合城市资源。设计的初衷始于一个带有幕墙的简单而透明的建筑物，之后建筑师设想一种上大下小的结构。下部缩减的面积用以给城市让出广场空间，上部增大的体量为高级公寓扩容，试图用体积的紧凑性从典型的摩天大楼中脱离出来。因此大约100米高的塔楼具有特殊的蘑菇形状，在城市天际线中脱颖而出，并对典型的米兰摩天高楼设计风潮形成了重要冲击。

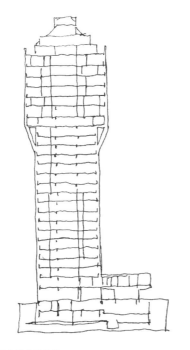

△维拉斯卡塔楼剖面图

堡垒式的高塔

　　该建筑的形式和结构特征回顾了伦巴第传统，这种传统结构由中世纪的堡垒和塔组成，在这样的堡垒中，较低的部分总是较窄，较高的部分由木板或石梁支撑。因此，使用光滑的大理石沙砾和混凝土来实现传统的结构特征，这种形态也是用现代语言对典型的意大利中世纪城堡进行阐释的结果。同时，塔楼的形态也满足了空间的功能需求，在接近地面上更窄的部分用于商业办公，越往顶层更宽敞的部分用于住宅。维拉斯卡塔是第一批意大利二战后现代建筑中的代表作，又同时处于米兰大教堂和斯福尔扎城堡所在的"米兰建筑"历史语境中。

△ 维拉斯卡塔楼与城市的关系

△ 维拉斯卡塔楼夜景

9. 商住综合体（一）

Edificio per abitazioni ed uffici

建设时间：1950—1952年

建筑师：阿斯那戈与文德（Asnago&Vender）

地址：Piazza Velasca 4，Milano

建筑关键词：Asnago&Vender；米兰商住体

　　米兰建筑师阿斯那戈与文德设计的商住综合体位于维拉斯卡塔楼的街对面，同样位于米兰城市中心。该建筑是一个九层高的商住体，一层是商店，二到四层是办公室，其余部分为住宅。建筑使用钢筋混凝土骨架，立面上四层以下使用粉色花岗石覆面，四层以上使用浅棕色瓷砖，形成了平滑的建筑表面。建筑师在比例、材料和平面格局上都着力体现不一样的米兰风格，均匀的开窗和非对称的入口，这样的矛盾感不断在建筑身上体现。

扩展知识

　　立面上的开窗二层至四层使用方形平面玻璃和银灰色铝制框架，窗户的尺度占四块花岗石大小并处于同一平面，四层以上使用向内的落地铝制窗以形成更多的光影，所有的窗户都按照一定的比例以最左侧的基准线非对称展开。建筑入口先由缓坡进入，使用大理石和空腔玻璃的主楼梯以对称的形式自下而上滤去大量光线，提供了一个非常安静的交通空间。建筑师将该建筑上的立面语言扩展到临近的两个建筑体，极具批判性，塑造了独有的建筑表情和肌理。

△ 商住综合体（一）外景

10. 商住综合体（二）
Complesso per abitazioni e uffizi in Corso Italia

建设时间：1949—1955年
建筑师：路易吉·莫瑞蒂（Luigi Moretti）
地址：Corso Italia 13-17，Milano
建筑关键词：米兰商住体；城市类型

　　由意大利建筑师路易吉·莫瑞蒂设计的商住综合体位于米兰历史文化中心。建筑群由四个不同高度和延展方向的体量组成，面向街道的两个斜向体块和最外侧横向体量夹出一个通向内院的空间，这样的组合方式是对城市类型的完善。内院底层是柱廊和商店，其中三个外围体块是办公室和商业体。位于内院尽端东西走向的体块是住宅，其横跨的方式是出于对光照和类型学的考虑。

△ 商住综合体（二）背面

扩展知识

　　四个建筑体都是由钢筋混凝土柱结构构成，对于平面操作都用类似的模度和比例进行空间划分。立面上住宅面向街道的那一面使用白色石灰石，呈现较为封闭的状态，面向内院部分多采用水平的横向开窗，保证了住宅南面的进光量，其余的商业体立面多处使用玻璃幕墙。横跨的船型形态和体量上的拐角变化都是建筑师的个人语言，对他之后在罗马的私宅设计有重要影响。

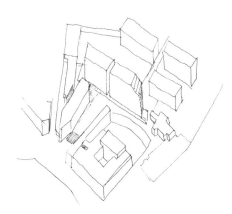

△ 商住综合体（二）体量轴测图

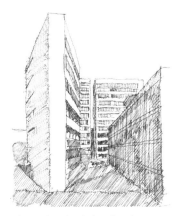

△ 商住综合体（二）内院透视图

△ 商住综合体（二）面向意大利大道（Corso Italia）的街景

11. 办公图书大厦
Palazzo per uffici e libreria

建设时间：1955—1959年
建筑师：路易吉·费基尼（Luigi Figini） 和基诺·伯利尼（Gino Pollini）
地址：Via Hoepli 5, Milan
建筑关键词：混凝土柱梁结构；理性主义

办公图书大厦位于米兰核心地带，毗邻圣费德勒（San Fedele）教堂和米兰大教堂，是第一批二战后重建项目，由意大利建筑师路易吉·费基尼和伯利尼设计。1953年由于法律规定和建筑师伯利尼的坚持，该区域的规划要求设定为建造底层为9米高的竖直连廊，从而形成商业街道氛围。为了保证城市法规和内部使用需求，该建筑立面和内部系统独立，立面为同一模数形成的骨架，严整地面向街道；建筑内部以柱网结构形成自由平面，保证了其功能需求和外部9米高柱廊的要求。

扩展认识

立面上露出的结构呈钢筋混凝土正交网格状，与开窗玻璃位于同一水平面；柱梁用粉红色花岗石包裹，与暗红色的护栏相交。建筑一层是书店，二层以上是办公区域。书店底层用钢结构做挑出楼板，使空间层次更丰富、建筑体量更通透。相比沿街的通透立面，建筑背面较为封闭；屋顶设有别墅和花园，在顶层远眺可以看到圣费德勒教堂顶部。从柱网结构到屋顶花园的设计也是建筑师对勒·柯布西耶（Le Corbusier）的致敬。

△ 费基尼和伯利尼规划的街景

△ 办公图书大厦室内

△ 办公图书大厦街景

12. 加拉拉泰西集合住宅
Gallaratese II Housing

建设时间：1967—1974年
建筑师：卡洛·艾莫尼诺 (Carlo Aymonino), 阿尔多·罗西 (Aldo Rossi)
地址：Via Cilea 34, Via Falck 37
建筑关键词：意大利新理性主义；类型学

　　加拉拉泰西集合住宅位于米兰的西北郊，是意大利二战后年轻建筑师中的翘楚阿尔多·罗西和卡洛·艾莫尼诺的代表作。因为基地四周空旷无物，两人决定将其设计成一个半自足的社区，集居住、办公、商业设施和公共空间于一体。同时，引入"底层连廊""半圆形剧场""中世纪塔楼"等类型元素使住户联想到历史传统，塑造社区的场所，以此来避免当时郊区建设因为城市公共交通等基础设施不到位而造成的"卧城""缺乏归属感"等问题。罗西单一的白色住宅建筑和艾莫尼诺浓墨重彩的设计更是彰显了两人在设计上的不同性格。

△艾莫尼诺　　　　△罗西

　　1967年9月艾莫尼诺接到设计加拉拉泰西集合住宅的委托，他毫不犹豫地把其中一栋房子的设计交给了当时同在威尼斯建筑学院执教的同事罗西。正是这个作品的成功，让刚刚通过发表了《城市建筑学》在理论上蜚声的罗西在设计作品上也站稳了脚跟。

　　加拉拉泰西集合住宅是20世纪60年代末70年代初意大利郊区大社区试验的其中之一，菲奥伦迪诺（Fiorentino）团队在罗马的"一公里"住宅以及吉安卡洛·德·卡洛（Giancarlo De Carlo）在特尔尼的"马泰奥蒂"住宅也属于这类试验。这几个试验的共同点都是在城市蔓延、基础设施建设不利、房产投机过度的情况下，试图通过结构性的大尺度建筑，通过包含多种功能和营造场所来缓解城市问题。

△一公里　　　　　△马泰奥蒂

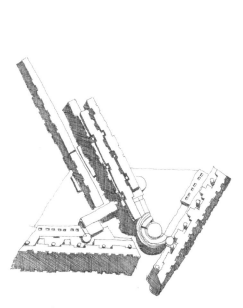

△ 住宅区鸟瞰图

△ 罗西设计的"白色长廊"

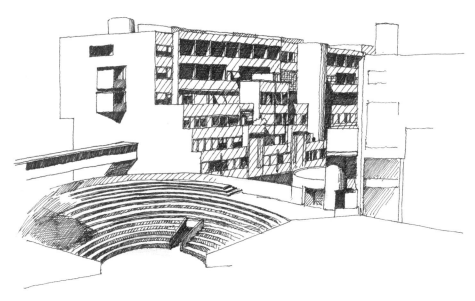

△ 艾莫尼诺的"半圆形剧场"

1.1.2 科莫
Como

　　科莫是意大利北部阿尔卑斯山南麓的城市，因坐落于科莫湖畔而得名，有"丝绸城"之称。它位于意大利米兰北部40公里靠瑞士边境处，是通向瑞士的铁路交点与旅游中心。科莫仍然具有原始的罗马军寨城的外观以及保存完好的中世纪城墙和塔（Porta Torre，Torre Gattoni，San Vitale）。值得注意的地方是市中心有建于1215年的市政厅、14世纪的大理石教堂等哥特式与文艺复兴时期建筑。1568年加利奥主教（Cardinal Tolomeo Gallio）在湖边修建的别墅（Villa d'Este）是科莫最为知名的建筑。这座文艺复兴风格的建筑最先仅在湖的右边修建了一部分，由当时最顶尖的建筑师设计，1815年它落到德国公主卡洛琳手中，公主花费了5年时间扩建别墅，修建了一个图书馆、一个剧院以及山坡上一个巨大的花园——可以举办大型舞会。二战时期，城市处于贝尼托·墨索里尼治下的法西斯政权，由理性主义建筑师朱塞佩·特拉尼（Giuseppe Terragni）设计的法西斯宫、一战纪念碑、圣伊利亚幼儿园等新建筑成为这个时期城市的建成代表作。这对当时意大利理性主义和国际式建筑都有深刻的影响，在这样的推动下诞生的法西斯建筑风格，也伴随政权进军至罗马。

1. 科莫建筑地图

重点建筑推荐：

1 法西斯宫（Casa del Fascio）

2 圣伊利亚幼儿园（Asilo Sant' Elia）
　　（未包含在地图中）

3 朱丽亚诺·弗尼基奥公寓（Casa ad
　　appartamenti Giuliani Frigerio）

2. 法西斯宫
Casa del Fascio

建设时间：1932—1936年
建筑师：朱塞佩·特拉尼（Giuseppe Terragni）
地址：Piazza del Popolo 4，Como
建筑关键词：理性主义；法西斯建筑

法西斯宫位于意大利北部科莫，是意大利理性主义建筑师朱塞佩·特拉尼的代表作之一，建于20世纪30年代，其时处于贝尼托·墨索里尼治下的法西斯政权。该建筑为国家法西斯政党的科莫分支机构，现为当地警察局。特拉尼的法西斯宫是意大利理性主义建筑的转折点，它在结合了传统与古典的做法之外创建了新的建筑语言。这座融合了现代主义语言和古典精髓的完美作品定义了朱塞佩·特拉尼的建筑生涯，可以说是他短暂后半生的一个缩影。

△ 法西斯宫室内楼梯间

扩展知识

建筑表面使用米黄色大理石，其四个不对称的立面与柯布西耶所提倡的"自由立面"的理念有别。它们不仅仅是表皮，而是主动地以自由的几何形式解读环境，同时极力证明内庭的存在。建筑的平面围绕庭院展开，采用传统的宫廷模式。而后中庭的设计为双层的中央会议厅，通过混凝土屋面的玻璃顶采光，四周围绕着长廊、办公室和会议室。窗户嵌入方式的多样性也承载着一种表现主义的价值。主立面上包含着符号性质的非对称组合：体块分割的"虚"和乳白色墙面的"实"。砖石基础的低立面和正面广场也表达了建筑的纪念性和政治身份。

△ 法西斯宫外观俯视

△ 法西斯宫面向广场的正立面

3. 圣伊利亚幼儿园
Asilo Sant' Elia

建设时间：1936—1937年
建筑师：**朱塞佩·特拉尼**（Giuseppe Terragni）
地址：Via Alciato 15，Como
建筑关键词：混凝土结构；理性主义

　　圣伊利亚幼儿园位于意大利科莫，由意大利建筑师朱塞佩·特拉尼设计，是一个理性主义风格的建筑。幼儿园临近一个大型的工人阶级社区，平面为"U"形开放式，面向中央庭院，较矮的体量使建筑融于周围景色中。立面采用大面积玻璃增强了室内外的通透性，传达了内院与外院的穿透感和暧昧关系。建筑师通过该设计希望在科莫传达一种人文主义的思想构架，试图改变以往建筑的冰冷感。

扩展知识

　　幼儿园的东侧为教室和更衣间，西侧为开放的嬉戏之地和厨房，所有的功能围绕着中庭展开。朝向教室的花园空间可扩展，可以通过悬臂框架来搭建帐篷，这是建筑师通过构架让用户去自我实现新空间的方式。建筑由混凝土柱结构体系完成，使庭院更加自由化，便于采用大面积玻璃幕墙，保证了极高的明亮度，空间之间可以相互直接对话，减少了承重墙带来的隔阂感。

△ 圣伊利亚幼儿园活动室

△ 圣伊利亚幼儿园内院

△ 从圣伊利亚幼儿园望向庭院

4. 朱丽亚诺·弗尼基奥公寓
Casa ad appartamenti Giuliani Frigerio

建设时间：1939—1940年
建筑师：朱塞佩·特拉尼（Giuseppe Terragni）
地址：Viale Fratelli Rosselli 24，Como
建筑关键词：混凝土结构；理性主义

　　朱丽亚诺·弗尼基奥公寓住宅位于意大利北部科莫，是意大利建筑师朱塞佩·特拉尼的最后一个作品，若不是发生在战争时期，该建筑会成为其建筑生涯重要的转折点。从1939年开始，由于宪法提出的独栋住宅不可超出三层和地坪抬高层不可超过两米，以及战争突发性的介入，建筑师最终提出并实践了空间的水平分割和功能分配系统。1971年，建筑表面改为涂层大理石，护栏材料也发生了改变，并没有完全保留。

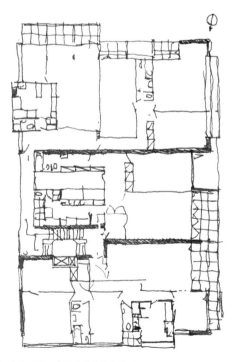

△ 朱丽亚诺·弗尼基奥公寓平面图

扩展知识

　　建筑占地450平方米，整个建筑体量含有四面相互平行的承重墙，平面上是由两个正方形重叠和交叉而成的三个部分。西北走向的住户部分全部抬高，给入口腾出了宽敞的空间。建筑立面采用连续飘窗、连续的伸展阳台和悬空构件，试图和周围环境发生关系，顶层使用悬臂构架的屋顶花园，反映了建筑受到柯布西耶建筑风格的影响。

△ 朱丽亚诺·弗尼基奥公寓街景立面

△ 朱丽亚诺·弗尼基奥公寓楼梯间

△ 朱丽亚诺·弗尼基奥公寓外景

1.1.3　曼图亚
Mantova

　　曼图亚是意大利北部的小城，约建于前2000年，属于伦巴第大区，是曼图亚省省会。它位于波河中游平原，米兰城东南部，三面被波河支流明乔河形成的几个湖泊所环绕。在历史上，曼图亚是北意大利文艺复兴时期的中心，是一座享有盛名的中世纪古城；建筑大师阿尔伯蒂为数不多的作品也诞生于此；它的郊区有著名的、绘有精美壁画的古罗马风别墅；当然最妙的还是由于这座城市人烟稀少，所以有"人间乐土"和"举世无双的文艺复兴时期的城市建筑群"之称，其古建筑已被列入世界历史遗产名录。值得一提的是，曼图亚市民政治倾向多为左派，信仰社会主义。著名的诗人维吉尔诞生在这里，贡扎加公爵们300多年来的休闲首选也是这里。文艺复兴期间，在贡扎加家族的鼎力支持下，以朱利奥·罗马诺（Giulio Romano）为主的建筑师建造了一批典型文艺复兴时期的教堂和宫殿。而且这座城市也是莎士比亚将其小说里的人物罗密欧从维罗纳城流放到的地方；威尔第的歌剧《弄臣》也是以该市为背景展开的。所有这些文化特征均与这个小城周围的街道名、路标和纪念碑相联系。这种戏剧性的联系因为歌剧文化的兴盛在18世纪得以强化。

1. 曼图亚建筑地图

重点建筑推荐：

1 圣安德烈教堂（Basilica di Sant' Andrea）

2 圣塞巴斯蒂安教堂（Basilica di San Sebastiano）

3 茶邸（Palazzo del Te）

2. 圣安德烈教堂
Basilica di Sant'Andrea

建设时间：1472—1732年
建筑师：列奥·巴蒂斯塔·阿尔伯蒂（Leon Battista Alberti）
地址：Piazza Andrea Mantegna，Mantova
建筑关键词：文艺复兴；拱券结构

　　1472年，在完成了位于里米尼的马拉泰斯塔神庙的设计工作后，阿尔伯蒂接受了曼图亚主教堂圣安德烈教堂的设计委托。出资人是当时的曼图亚伯爵卢多维克·贡扎加三世（Ludovico III Gonzaga），他与马拉泰斯塔家族的紧密关系是形成委托的重要原因，而两座教堂风格上的连续性也是显而易见的。阿尔伯蒂依旧以古罗马凯旋门为模型构想教堂正立面，中央拱门两侧各布置两根科林斯壁柱，这很可能是受到安科纳的图拉真凯旋门（Arco di Traiano di Ancona）的启发。四根壁柱托起希腊神庙式山墙的三角面，巨大的筒形拱顶从教堂内部延伸出立面并架在山墙之上。教堂平面呈拉丁十字；短轴上，巴西利卡或哥特式教堂的耳堂由两个小礼拜堂替代。这座教堂无疑是早期文艺复兴阶段最为杰出的作品之一，而后众多受阿尔伯蒂影响的建筑师延续着这种风格，曼图亚几乎成为伦巴第文艺复兴的首都。

△ 圣安德烈教堂内部中庭

扩展知识

　　阿尔伯蒂沿着拉丁十字的长短轴线建造了跨度18米的平顶镶板装饰筒形拱顶，交叉处由圆顶连接。这是自罗马时代后至当时人类建造的跨度最大的筒形拱顶。巨大的筒形拱顶由小拱和两根细柱组成的巨柱、以"ABABA"的方式交替支撑，每两根巨柱和一个小拱的"ABA"组合组成一个与教堂正立面相同的凯旋门式结构，教堂的内部与外部由此达到了让人难以置信的统一。阿尔伯蒂对圣安德烈教堂内部空间的处理形成的建筑语言，深刻地影响了伯拉孟特和后世手法主义建筑师们。

△ 圣安德烈教堂外景

3. 圣塞巴斯蒂安教堂
Basilica di San Sebastiano

建设时间：1460—1529年
建筑师：列奥·巴蒂斯达·阿尔伯蒂（Leon Battista Alberti）
地址：Piazza Andrea Mantegna，Mantova
建筑关键词：文艺复兴；拱券结构

　　在阿尔伯蒂设计令他名声斐然的圣安德烈教堂的十年之前，同样在曼图亚，圣塞巴斯蒂安教堂的重建任务交到了阿尔伯蒂手中。老教堂处在一片地势较低的洼地，汛期上涨的河水常会灌入中殿。不仅如此，老教堂16米×16米的方形体量也无法满足贡加拉公爵重振城市的雄心。阿尔伯蒂基于这两点提出了一个双层、以正方形中殿为中心的希腊十字式教堂方案。通常教堂地下层的地穴被抬到地面层，效果类似用一个方台将教堂托起，避免洪水灌入主殿。教堂侧面通向二层的楼梯取代传统正立面主门作为入口。二层立面的圆拱开口接续了楼梯拱顶，通透的前殿更像是一座凉廊。三个半圆形后殿和方形凉廊前殿组成了十字的四臂，每间都拱起一个轴线通过教堂平面中心的筒穹。尽管阿尔伯蒂的设计并没有被完全采用，但教堂精巧的数学关系是仍能被感知的。教堂落成后经过几次维修，1925年安德烈·斯奇亚维的大幅度改建最具争议。他在教堂主立面两侧加建了两座楼梯，这个不合逻辑的结构令主立面的洞口成为主门，尽管建于15世纪的侧楼梯仍完整存在。相反地，一派学者则认为这个动作是源于阿尔伯蒂最初手稿中存在的两侧坡道。

△ 圣塞巴斯蒂安教堂室内

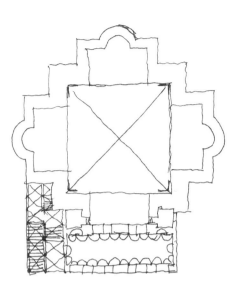

△ 圣塞巴斯蒂安教堂平面图

△ 圣塞巴斯蒂安教堂室内

△ 圣塞巴斯蒂安教堂主立面

4. 茶邸
Palazzo del Te

建设时间：1524—1534年
建筑师：朱利奥·罗马诺（Giulio Romano）
地址：Via TE 13, Mantova
建筑关键词：矫饰主义；文艺复兴宫殿

　　茶邸位于曼图亚老城南部城门外，由意大利建筑师朱利奥·罗马诺于1524—1534年为曼图亚的侯爵费德里哥·贡查佳二世（Federico II Gonzaga）设计，是手法主义风格时期的建筑代表作。朱利奥·罗马诺是拉斐尔的学生，创作的灵感来自于维特鲁维对于住宅的描写。该建筑的外壳框架就设计了18个月，平面上整体来说是一座正方形的宫殿，内部嵌套了一个与世隔绝的正方形庭院。花园的设计补充了整个建筑的完整性。

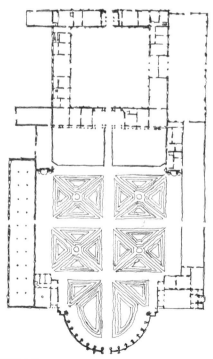

△ 茶邸平面图

扩展知识

　　宫殿四边中心各有一个入口，每一个入口处设有一个与周围城市互通的前庭（Loggia Grande），前庭外侧设有三个石砌的尖拱；西侧的前庭是正方形，并用四个柱子划分成三个中殿，其中殿为拱券式，相邻两个侧殿则为平顶。宫殿整体比例关系与以往不同，由于只有一层的关系，它更像是一个巨大且矮的盒子。建筑的表面采用粗野的石块，立面靠近地面的位置使用方形窗户，对应方形窗户的上方为同等宽度的长窗。

△ 茶邸内院立面

△ 茶邸内院

1.2 都灵
Turin

　　都灵，意大利第三大城市，皮埃蒙特大区的首府，该城市因为它的巴洛克、洛可可和新古典主义法式建筑而举世闻名。都灵始建于罗马帝国时期，为军事要地。中世纪文艺复兴时期曾为自治城市国家。19世纪末为意大利西北部重要的轻工业中心。它的历史中心保存着大量的古典式建筑和巴洛克建筑。都灵还是意大利北部的经济重镇和商业中心，1899年7月，乔万尼·阿涅利（Giovanni Agnelli）在都灵创建了菲亚特公司。这个城市幽静的街巷还曾深深吸引了哲学家弗里德里希·威廉·尼采（Friedrich Wihelm Nietzsche）和大预言家诺查丹玛斯（Nostradamus），而耶稣裹尸布之谜更是令世人对这座城市趋之若鹜。第一次世界大战后，工人和企业家之间的冲突频发。由于大力发展汽车制造业，都灵在20世纪初期成为主要的工业中心。这也使它获得了"意大利汽车之都"的昵称。都灵是同盟国在二战期间的战略轰炸目标，整个城市遭到严重破坏，直到1945年才获得解放。1945年4月25日，意大利北部各大城市举行总起义，意大利抵抗运动解放都灵，从此都灵摆脱了纳粹法西斯的统治。二战后，都灵迅速重建，并成为意大利经济奇迹的标志，一批优秀的北方新理性主义建筑师也随之诞生。

1. 都灵建筑地图

重点建筑推荐：

1. 神圣裹尸布小礼拜堂（Cappella della Sacra Sindone)
2. 卡里尼亚诺宫（Palazzo Carignano）
3. 圣洛伦佐教堂（La Chiesa di San Lorenzo）
4. 安托内利尖塔（Mole Antonelliana）
5. 菲亚特汽车工厂（Lingotto）（未包含在地图中）
6. 都灵帕拉维拉体育馆（Palavela di Torino）（未包含在地图中）
7. 都灵劳动宫（Palazzo del Lavoro）（未包含在地图中）

2. 神圣裹尸布小礼拜堂
Cappella della Sacra Sindone

建设时间：16—17世纪末
建筑师：瓜里诺·瓜里尼（Guarino Guarini）
地址：Piazza San Giovanni，Torino
建筑关键词：巴洛克；拱券结构

　　建筑师瓜里诺·瓜里尼是17世纪意大利皮埃蒙特式巴洛克风格的旗帜性人物。年轻时，瓜里尼在罗马结识的另一位巴洛克天才建筑师弗朗西斯科·博罗米尼（Francesco Borromini）深刻地影响了他的职业生涯。瓜里尼自身拥有超凡的数学天赋，并对哥特式建筑结构十分感兴趣，这支撑着他完成了很多精巧复杂的设计，其中都灵主教堂的神圣裹尸布小礼拜堂是最令人难以置信的。这座小礼拜堂作为主教堂的圣器室，目的是为了珍藏萨伏伊家族持有的耶稣裹尸布。已经建成的主教堂紧邻都灵皇宫，小礼拜堂加建在两者之间的楔形空间。

△ 神圣裹尸布小礼拜堂顶立面

扩展知识

　　瓜里尼在黑色大理石覆盖的圆形鼓座上升起6扇半圆拱形窗，而每扇窗的拱顶石位置会作为更上一层拱的起拱点再次升起跨度减小的6扇三心拱形窗，这种精巧的几何关系重复了8次，形成了一个倒钟乳石形的镂空尖顶，最高处建筑师使用了通透的玻璃圆罩进行封闭。在玻璃圆罩外部，设计了一个镂空的尖塔式的外罩作为保护，而这个结构在礼拜堂的内部是不可见的。整个尖顶以难以置信的通透性将光引入室内。结构形成的纵向感引导朝圣者仰头望向光源，营造出神圣庄重的氛围。由安东尼奥·贝尔托拉（Antonio Bertola）设计的银制神坛被保留下来，作为盛放耶稣裹尸布的神龛，黑白相互交替的大理石铺出凸显了神坛的地位。

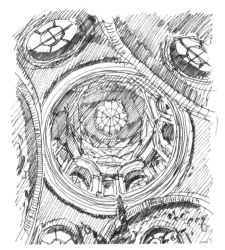

△ 神圣裹尸布小礼拜堂穹顶

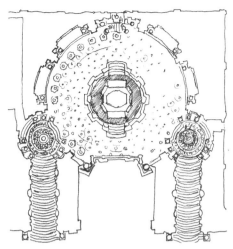

△ 神圣裹尸布小礼拜堂平面

△ 神圣裹尸布小礼拜堂外景

3. 卡里尼亚诺宫
Palazzo Carignano

建设时间：1679—1685年
建筑师：瓜里诺·瓜里尼（Guarino Guarini）
地址：Piazza Carignano，Torino
建筑关键词：巴洛克建筑

卡里尼亚诺宫位于意大利都灵市中心，现为国家复兴运动博物馆。这曾经是卡里格南亲王的私人府邸，因而得名。工程始于1679年，当时亲王已经51岁。他委任当时著名的建筑师瓜里诺·瓜里尼设计，宫殿的东立面面向卡洛·阿尔贝托（Carlo Alberto）广场，其形态线条平直克制；建筑西立面外观豪华，呈现非常独特的椭圆形。瓜里尼还在宫殿中心建造了巨大的奢华前庭。

扩展知识

这是一座红砖砌成的典型的巴洛克风格建筑，具有一个椭圆形凹凸立面，立面建筑装饰都使用了当地特制的生砖和水泥，这种立面在意大利只出现于博罗米尼在罗马设计的四泉圣嘉禄堂（Quattro Fontana）。宫殿入口两侧设有钟乳石壁柱，引领人们进入宫殿大厅。室内设有具有当地特色的马赛克地砖、神话式的柱头和位于多处走道间的椭圆假面，营造出类似贝尼尼（Lorenzo Bernini）在卢浮宫所表达的巴洛克奢华感。

△ 卡里尼亚诺宫楼梯入口装饰

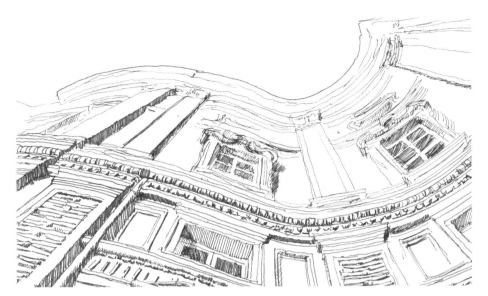

△ 卡里尼亚诺宫立面

△ 卡里尼亚诺宫外立面

4. 圣洛伦佐教堂
La Chiesa di San Lorenzo

建设时间：1668—1687年
建筑师：瓜里诺·瓜里尼（Guarino Guarini）
地址：Via Palazzo di Città，4，Torino
建筑关键词：巴洛克建筑；模数

圣洛伦佐教堂是一所位于都灵的教堂，又称圣洛伦佐皇家教堂，位于城堡广场中央的西北侧。教堂经历了近一个世纪以来的扩建，在1634年其基座得以扩大，而当前教堂的巴洛克结构则是由建筑师瓜里诺·瓜里尼于1668—1687年设计。1667年教堂平面转化为拉丁十字形，中央穹顶是方形包裹的大八角空间。横向椭圆形的大堂通道镶有大理石和黄金的装饰。教堂内部墙面以一个弹性和旋转的节奏展开，檐口处衔有8个曲面，空间独立且生动。

△ 圣洛伦佐教堂平面

扩展知识

设计来源于数字4，或者4的倍数8，在基督教中意为完美或者基督的回报。从底部开始至圆顶有四个等级的光线提升。穹顶由八瓣花式的拱券结构构成，由8个大椭圆形窗户照亮，4个肋骨系统随高度叠加，从底部可辨识出穹顶由8个五角星的肋系统叠加交叉而成，并可看出其中心为正八边形。这样的构架是对伊斯兰建筑的变形，带有一种对其"魔鬼的脸"的讽刺意味。

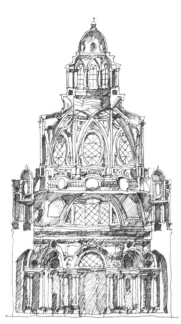

△ 圣洛伦佐教堂剖面图

△ 圣洛伦佐教堂穹顶外观

△ 圣洛伦佐教堂穹顶内景

5. 安托内利尖塔
Mole Antonelliana

建设时间：1863—1889年
建筑师：亚历山德罗·安托内利（Alessandro Antonelli）
地址：Via Palazzo di Città，4，Torino
建筑关键词：钢铁；高塔

安托内利尖塔是意大利城市都灵主要的地标，以建造此塔的建筑师亚历山德罗·安托内利命名。工程开始于1863年，完成于26年后的1889年，此时安托内利已经去世。1953年5月23日的龙卷风和暴雨，摧毁了该塔最上面的47米，遂于1961年重建。目前塔内设有国家电影博物馆，它也是世界最高的博物馆，其内部穹顶中设置的钢结构的垂直电梯令人叹为观止。

扩展知识

此建筑最初作为犹太会堂。在1860—1864年，犹太人出资雇用建筑师安东尼奥·安托内利增建121米高的圆尖顶来显示身份。最终建筑师私自修改方案使圆顶达到167米。该复兴式的建筑往往被视为新哥特式和新古典主义风格建筑糅杂的一种尝试。在没有忽视传统的建筑语境下，安托内利对铁这种材料不断探索，竭尽所有的结构可能性，这种技术上的创新和融合，使尖塔在建造层面也实现了特殊的地标身份。

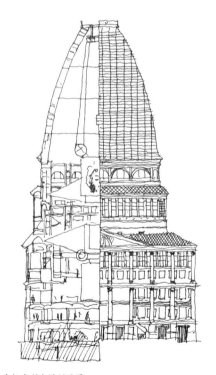

△ 安托内利尖塔剖面图

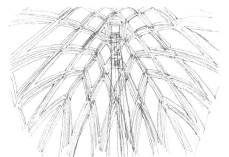

△ 安托内利尖塔穹顶内部及电梯

△ 安托内利尖塔鸟瞰图

△ 安托内利尖塔外观

△ 从城市中看安托内利尖塔

6. 菲亚特汽车工厂
Lingotto

建设时间：1982—2003年改造

建筑师：马特·特鲁科（Mattè Trucco）；伦佐·皮亚诺(Renzo Piano)

地址：Via Nizza 230—294，Torino

建筑关键词：钢筋混凝土结构；改造

    菲亚特汽车工厂位于都灵尼扎·米勒方蒂（Nizza Milefonti）建筑群内，建于20世纪初，是欧洲规模最大、最现代化的汽车制造工厂。建筑为占地500米长的五层楼，建筑面积达100万立方米，配有屋顶试验台。菲亚特汽车工厂是钢筋混凝土模块化建设的第一个例子，基于三个要素的重复：柱子、梁和楼板。1923年，马特·特鲁科设计了这座屋顶具有独特赛道的汽车工厂。现代主义者勒·柯布西耶称赞它是"当今最大和最受尊敬的工厂"。工厂于1982年关闭。菲亚特集团1985年委托伦佐·皮亚诺进行大楼车间的改造。该项目旨在通过将建筑物改造成多功能中心，在保持其建筑原有特征的同时开发更多的可能性。建筑的外观基本上保持不变，但其内部完全修改，以便容纳展览中心、会议中心、礼堂、两个酒店、办公室和零售空间。1997年，菲亚特集团的管理总部搬回这里。2002年，都灵理工大学汽车工程系也设置在大楼内。大楼屋顶上设置了一个完全透明的"泡泡"形式的会议室。

△ 菲亚特汽车工厂内部结构

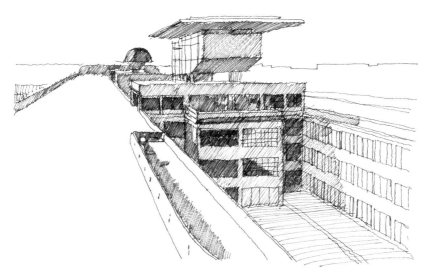

△ 菲亚特汽车工厂屋顶跑道

△ 菲亚特汽车工厂屋顶跑道全景

7. 都灵帕拉维拉体育馆
Palavela di Torino

建设时间：2003—2006年
建筑师：盖·奥伦蒂（Gae Aulenti）
地址：Via ventimiglia 145，Torino
建筑关键词：新理性主义；帆形结构

都灵帕拉维拉体育馆位于新工业区，最初为庆祝意大利统一的第一个百年而设计。意大利女建筑师盖·奥伦蒂于2003年为冬季奥运会对体育馆进行改造。由于既有建筑又有工程方面的限制，建筑师盖·奥伦蒂以两个与网罩相连的帆拱实现内部巨大空间的覆盖，以保留原有的结构，并呈现更高的高度。新的体育馆呈现出两种不同建筑语言并置而形成的立面，一面表达了高度不变的结构紧凑性，一面显示其不同体积的复杂性。

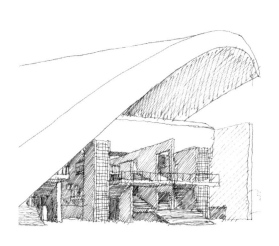

△ 都灵帕拉维拉体育馆帆形顶外观

扩展知识

建筑师希望通过修复和改造的部分创立所谓"房屋里的建筑"，独特的结构悬浮于原有建筑之上，使得原建筑仍然与外部连通。新建筑的两个非对称机体由网状空间覆盖并连接在一起，新旧建筑不同体量之间的互动产生了新的空间趣味。这样设计的目的也是为了容纳更多的观众。通过恢复过去建筑价值观和历史文化，又保持各自的相对独立性，盖·奥伦蒂表达了作为女性建筑师特有的关怀视角，同时又有着独立且自由的精神。

△ 盖·奥伦蒂

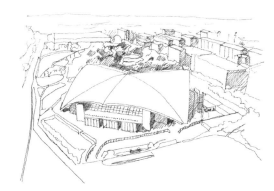

△ 都灵帕拉维拉体育馆鸟瞰图

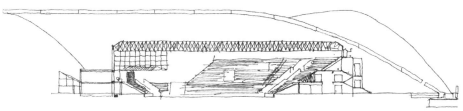

△ 都灵帕拉维拉体育馆帆剖面图

△ 都灵帕拉维拉体育馆帆拱外景

8. 都灵劳动宫
Palazzo del Lavoro

建设时间：1959—1961年
建筑师：乔·庞帝（Gio Ponti）工程师：皮尔·路易吉·奈尔维（Pier Luigi Nervi）
地址：Via testona，Torino
建筑关键词：钢筋混凝土结构

都灵劳动宫由建筑师乔·庞帝和工程师皮尔·路易基·奈尔维为1961年都灵博览会而设计，建筑为占地面积约7900平方米的展览建筑。像密斯（Mies van der Rohe）的建筑物一样，奈尔维的设计旨在用结构带来一种新的物理空间体验。但是密斯寻求自由的内部空间，而奈尔维则强调由建筑结构形成的空间氛围。劳动宫也不例外，简单的正方形屋顶被分成16个彼此结构分离的钢屋顶隔间，每个隔间都由高20米左右的混凝柱进行支撑。外墙完全以玻璃覆盖，大型的垂直竖框被组装在建筑立面上。

扩展知识

柱伞结构在劳动宫中的革新之处表现在水泥柱体和金属预制伞件的交接。柱头的钢件分为上下两部分，下部分类似伞头结构作为过渡，扩大作用面积并分散受力。大梁间以小梁过渡交接屋面，屋面排布为辐射形。不管从物理空间上，或者逻辑层面上，后人将柱伞理解为精神性的物件，如果从城市的角度去理解劳动宫的空间形式，即是16座城市以柱为中心向外扩张形成的城市群。

△ 都灵劳动宫外观

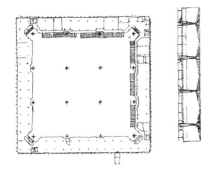

△ 都灵劳动宫平面图及剖面图

△ 都灵劳动宫屋顶结构

△ 都灵劳动宫屋架内景

1.3 热那亚
Genova

    热那亚是意大利最大的商港和重要的工业中心，是利古里亚大区和同名省热那亚省的首府，位于意大利西北部，利古里亚海热那亚湾北岸。2004年热那亚被选为当年的"欧洲文化首都"，它历史悠久，曾是海洋霸主热那亚共和国的首都，而早在古罗马建城之前，利古里亚人就已经居住于此。热那亚曾是罗马帝国的一个行政区，在罗马帝国灭亡之后，落入拜占庭手中，后来又相继被伦巴底和法兰克人所占领。热那亚为了获得东方的商业霸权跟威尼斯共和国进行4次大的战争，威尼斯人马可·波罗就是在热那亚的监狱里完成他的《东方见闻录》的，热那亚此时明显衰落了。在这之后，热那亚成为西班牙帝国统治下的自治共和国，实现了短暂的复兴。但随着17世纪西班牙的衰落，热那亚也于18世纪继续慢慢衰落，于1805年被法国吞并。以圣·洛伦佐主教教堂（Cattedrale di San Lorenzo）为主的诸多古迹散落在热那亚城市中。热那亚也是当今建筑大师伦佐·皮亚诺的故乡。

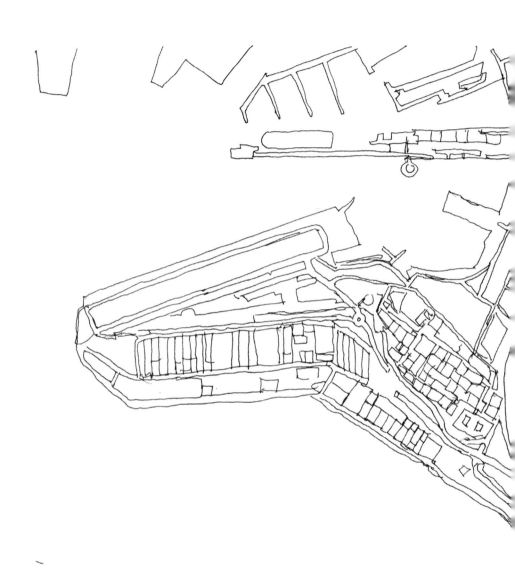

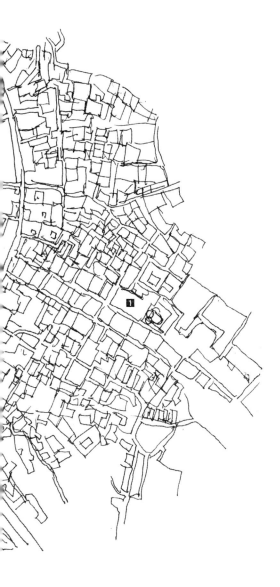

1. 热那亚建筑地图

重点建筑推荐:

■1 圣洛伦佐教堂地下珍宝馆（The Treasury of San Lorenzo Church）

■2 伦佐·皮亚诺建筑工作室（Renzo Piano Building Workshop）（未包含在地图中）

2. 圣洛伦佐教堂地下珍宝馆
The Treasury of San Lorenzo Church

建设时间：1953—1956年
建筑师：弗兰克·阿尔比尼（Franco Albini）
地址：Piazza S. Lorenzo，Genova
建筑关键词：修复

  圣洛伦佐教堂地下珍宝馆位于意大利热那亚，是意大利建筑师弗兰克·阿尔比尼在1953—1956年间设计和建造的，并得到现代博物馆学的认可。结构完成50多年以来，尽管出现了很多磨损问题，但并未对建筑主体造成影响。建筑设计努力实现对于展馆的"起源"和"原创性"的思考。正是他这样的做法，对意大利二战后理性主义博物馆建筑的发展起到了重要的推动作用，也为意大利博物馆保护和恢复工作提供了新的意义。地下区域中使用灰色大理石，使空间沉浸在阴影中，让人仿佛回到了迈锡尼世界的建筑之中。珍宝馆的建筑结构使交通空间为短走廊通向次空间、不规则环形路通向中央室的方式，三个圆形越往内空间越大。地板和墙壁上使用黑色石块，而整个建筑以玻璃水泥和混凝土封闭，使珍宝馆更加具有神圣感。

△ 圣洛伦佐教堂地下珍宝馆展区

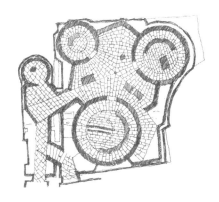

△ 圣洛伦佐教堂地下珍宝馆穹顶

△ 圣洛伦佐教堂地下珍宝馆平面图

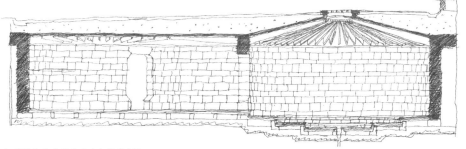

△ 圣洛伦佐教堂地下珍宝馆剖面图

△ 圣洛伦佐教堂地下珍宝馆内景

3. 伦佐·皮亚诺建筑工作室
Renzo Piano Building Workshop

建设时间：1981年
建筑师：伦佐·皮亚诺
地址：Via Pietro Paolo Rubens 29，Genova
建筑关键词：伦佐·皮亚诺

伦佐·皮亚诺建筑工作室位于热那亚大海西边地形复杂的山脉里，占地面积约1000平方米，这里最初是陡峭的山坡梯田，建筑师利用倾斜且透明的屋顶来维持梯田本身的连续性。建筑结构就像一只蝴蝶的翅膀，从末端开始的内部楼梯沿着玻璃结构穿行，到达垂直的上升通道，连接所有各级。建筑体量从顶部下降到底部错落有致，为海边和周围绿色植物的观赏提供了充足的视角。屋顶的层压板与塑料框架之间含有绝缘薄膜，整个结构由薄钢立柱支撑。一系列光电池置于屋顶上被用于检测外部天气和调节太阳光的量进而控制室内的温度和光线。绿化设计也是工作室设计的重要部分之一，为了契合原有场地作物的衍生需求，用独特的植被方式使绿植和梯田共生。建筑师通过现代结构和技术，创造了场所的可持续性和建筑空间的通透性，使员工能在同一个倾斜屋檐下彼此可见。

△ 伦佐·皮亚诺建筑工作室办公区

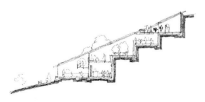

△ 伦佐·皮亚诺建筑工作室剖面图

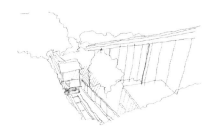

△ 伦佐·皮亚诺建筑工作室鸟瞰图

△ 伦佐·皮亚诺建筑工作室交通电车

△ 伦佐·皮亚诺建筑工作室内景

第二部分
威尼斯及其周边

2.1 威尼斯
Venice

　　威尼斯是意大利东北部著名的旅游与工业城市，也是威尼托大区的首府。威尼斯曾经是威尼斯共和国的中心，被称作"亚得里亚海的明珠"，堪称世界最浪漫的城市之一。 威尼斯市区涵盖意大利东北部亚得里亚海沿岸的威尼斯潟湖的118个岛屿和邻近一个半岛，更有117条水道纵横交叉。这个咸水潟湖分布在波河与皮亚韦河之间的海岸线。城内古迹众多，有各式教堂、钟楼和宫殿百余座。黄金大水道是贯通威尼斯全城最长的街道，它将城市分割成两部分，两岸有许多著名的建筑，到处是作家、画家、音乐家留下的足迹。圣马可广场是威尼斯的中心广场，广场东面的圣马可教堂建筑雄伟、富丽堂皇。总督宫是以前威尼斯总督的官邸，各厅都以油画、壁画和大理石雕刻来装饰。总督宫后面的叹息桥是已判决的犯人去往监狱的必经之桥，因而得名"叹息桥"。文艺复兴时期，以帕拉迪奥为首的建筑师在威尼斯修建和设计了众多宗教性质的建筑，这对于当时的海洋文化起到了重要的影响。威尼斯建筑的建造方法也很特别，先将木柱插入威尼斯下的泥土之中，再铺上一层又大又厚的伊斯特拉石，然后在伊斯特拉石上砌上砖，建成一座座建筑。二战后，威尼斯诸多岛屿上新建了许多建筑群，这种建造的方法也得以改良和传承。

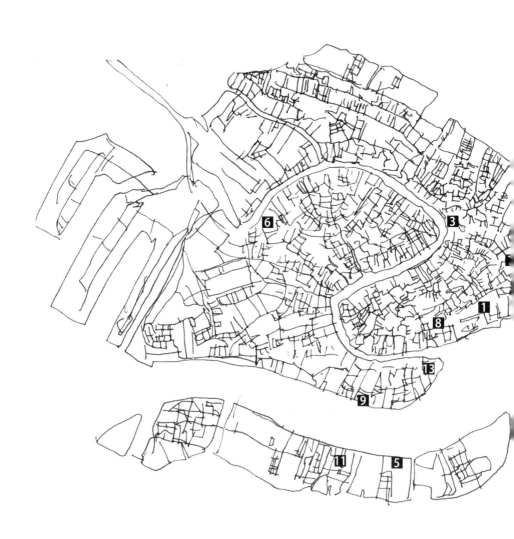

1. 威尼斯建筑地图

重点建筑推荐：

1 圣马可广场（Piazza San Marco）

2 圣母升天教堂（Basilica di Santa Maria Assunta a Torcello）（未包含在地图中）

3 奇迹圣母堂（Chiesa di Santa Maria dei Miracoli）

4 圣乔治·马焦雷教堂（Chiesa di San Giorgio Maggiore）

5 威尼斯救主堂（Chiesa del Santissimo Redentore）

6 威尼斯建筑大学入口（Entrance to IUAV）

7 奎里尼基金会（Fondazione Querini Stampalia）

8 奥利维蒂展示中心（Olivetti Showroom）

9 查特莱之家（Casa delle Zattere）

10 威尼斯双年展建筑群（Biennale Architectural Complex）

11 朱代卡岛住宅群（Residenze alla Isola Giudecca）

12 马佐波住宅区（Residenze alla Isola Mazzorbo）（未包含在地图中）

13 海关改造项目（Punta della Dogana）

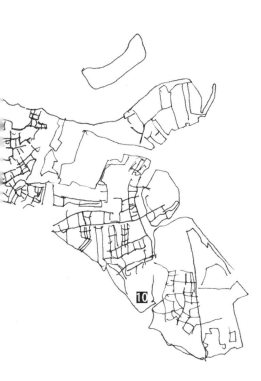

2. 圣马可广场

Piazza San Marco

建设时间：4—17世纪

建筑师：威尼斯公爵；安德烈·帕拉迪奥等人

地址：Piazza San Marco，Venice

建筑关键词：拜占庭式建筑；哥特式建筑；文艺复兴

圣马可广场是意大利威尼斯的中心广场，由总督宫、圣马可教堂、圣马可钟楼、新旧行政官邸大楼、圣马可教堂的钟楼和圣马可图书馆等建筑，以及威尼斯大运河所围成的近梯形广场，长约170米，东边宽约80米，西侧宽约55米。广场扩建、整饬和定型于文艺复兴时期。

圣马可大教堂（Basilica Cattedrale Patriarcale di San Marco）是意大利威尼斯的天主教教堂，也是天主教的宗座圣殿，拜占庭式建筑的著名代表。大教堂坐落在圣马可广场东面，与总督宫相连。圣马可大教堂从外面可以分为三个部分：下层、上层和圆顶。下层拥有五个圆形拱门，两旁为华丽的大理石柱，可以通过青铜大门进入前厅。中央大门则装饰着三层罗马式浮雕。

总督宫（Palazzo Ducale）是一座哥特建筑，以前为政府机关与法院，也是威尼斯总督的住处。总督宫南面为威尼斯海湾，西面为圣马可广场，北面为圣马可教堂。当今的建筑主要建造于1309—1424年。1574年，总督宫遭遇火灾，严重受损。尽管安德烈·帕拉迪奥提交了新古典主义风格的设计，然而随后的重建工作在保留古典主义的同时延续了原来的哥特式风格。自16世纪以来，总督宫通过叹息桥连接到监狱（Palazzo delle Prigioni）。

△从大运河看圣马可广场建筑群

△市政厅（左）与图书馆（右）

△圣马可教堂与钟楼

3. 圣母升天教堂

Basilica di Santa Maria Assunta a Torcello

建设时间：1008—1886年
建筑师：佚名
地址：Isola Torcello Venice
建筑关键词：威尼斯拜占庭风格

圣母升天教堂位于威尼斯托尔切洛岛上(Isola Torcello)，是该区域最大的天主教堂。从平面上明显看出该教堂是典型的威尼斯拜占庭风格，与相邻两座教堂共同组成宗教信仰区并独立于古广场中。教堂异于其他海边城市教堂风格，室内饰有独特的海洋文化马赛克装饰，是一座后罗马时代和早期基督文化结合的产物。

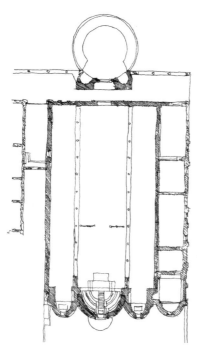

△ 圣母升天教堂平面图

扩展知识

教堂内部空间是非常简单明快的巴西利卡格局，18根科林斯式的大理石柱划分三个殿，中殿部分高于两侧。立面有12根壁柱，由圆拱在顶部连接，中殿内有1000个大理石门框，地板完全是威尼斯拜占庭风格的马赛克地砖，描绘了"最后的审判""亡灵军团"以及"圣母和约翰"的故事。钟楼矗立在草地上。这样的布局安排也受到了圣马可广场和拉文纳主教堂建筑群布局的影响。

△ 圣母升天教堂大厅内部

△ 圣母升天教堂损毁的主立面

4. 奇迹圣母堂
Chiesa di Santa Maria dei Miracoli

建设时间：1481—1489年
建筑师：皮耶罗·伦巴多（Pietro Lombardo）
地址：Isola Torcello，Venice
建筑关键词：文艺复兴

　　奇迹圣母堂位于意大利威尼斯,也被称为"大理石教堂"，这是威尼斯早期文艺复兴时期的作品。教堂表面被彩色大理石包裹，外立面点缀有纯装饰性的壁柱廊，前庭为半圆形，这些都是该时期建筑的显著特点。名为"拯救威尼斯"的组织于1987—1997年对该教堂进行了修复，修复工作致力于主祭坛和圆形外窗口的完善，这也是对伯拉孟特在米兰修建的教堂的致敬。1481—1489年建筑师试图让教堂成为圣母奇迹的再现，敬献给圣母。教堂内部由筒拱穹顶构成，拱形顶棚被划分为50个方格，每个方格内都布置了艺术作品。主祭坛背后描绘了圣母玛利亚怀抱婴儿时期的耶稣站在红色背景中的"奇迹"景象。支撑拱形柱的柱基的雕塑描绘了海洋神话生物，但两个柱基确有不同表现，柱体左侧戏剧性的不对称和右侧的对称表现了一种含有海洋性质的文艺复兴特色。

△ 奇迹圣母堂鸟瞰图

△ 奇迹圣母堂立面

△ 奇迹圣母堂内部大厅

△ 奇迹圣母堂外立面

5. 圣乔治·马焦雷教堂
Chiesa di San Giorgio Maggiore

建设时间：1566–1800年左右
建筑师：安德烈·帕拉迪奥（Andrea Palladio），文森诺·斯卡莫齐（Vincenzo Scamozzi）等
地址：Isola San Giorgio， Venice
建筑关键词：帕拉迪奥式建筑

圣乔治·马焦雷教堂位于意大利威尼斯圣乔治·马焦雷岛（San Giorgio Maggiore）上，由意大利文艺复兴时期建筑师安德烈·帕拉迪奥设计。因为面对圣马可地区，所以从圣马可广场可以清楚地眺望该教堂的全景。教堂于1566年开始建造，不过建筑师于1580年去世，当时尚未完工。教堂的立面由帕拉迪奥的学生文森诺·斯卡莫齐根据帕拉迪奥遗留的设计图继续建造，教堂最终于1610年完工。教堂的大殿为巴西利卡式，被视为是帕拉迪奥教堂建筑的最佳典范之一。旁边的钟楼于1467年开始建造，不过在1774年倒塌，后来在1791年重建。教堂的立面为白色，在阳光的映衬下显得非常明亮。该建筑的立面展现了典型的帕拉迪奥教堂建筑特征：两个重叠的三角形山花以额枋的形式显露在立面的外部。这一建筑结构与同时代完成的另一座威尼斯教堂——圣方济各教堂（San Francesco della Vigna）类似。教堂的内部由朴实的巨大壁柱与玉白色的墙壁所构成，表现出文艺复兴时期的品位偏好。教堂平面是拉丁十字和希腊十字的混合，反映了反宗教改革对于宗教建筑的影响。圆顶将教堂分成两个相等的部分，纵轴则比横轴要长。帕拉迪奥以柱廊分隔唱诗班席位和主祭坛，并将唱诗班的位置设于主祭坛后方，使得空间阅读获得了多个层次。主祭坛两侧的墙上展示了当时著名画家丁托列托的画作。

△ 圣乔治·马焦雷教堂正立面外观

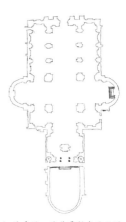

△ 圣乔治·马焦雷教堂平面图

△ 圣乔治·马焦雷教堂内部大厅

△ 圣乔治·马焦雷教堂建筑群外景

6. 威尼斯救主堂
Chiesa del Santissimo Redentore

建设时间：1577—1592年
建筑师：安德烈·帕拉迪奥（Andrea Palladio）
地址：Isola Giudecca，Venice
建筑关键词：帕拉迪奥式建筑

　　威尼斯救主堂是一座位于威尼斯朱代卡岛上的巨大穹顶教堂，毗邻朱代卡水道（Canale della Giudecca），主宰了该岛的天际线。修建这座教堂是为了纪念1575—1576年因黑死病逝去的人们，救议会委托建筑师安德烈·帕拉迪奥负责设计。每年夏天，威尼斯总督和参议员穿过一个特别建造的浮桥从扎泰拉岛（Isola Zattere）到达朱代卡岛上的救主堂，并出席教堂的弥撒。

△ 威尼斯救主堂立面外观

扩展知识

　　威尼斯救主堂是帕拉迪奥最杰出的作品之一，被认为是其职业生涯的顶峰。这是一座巨大的白色圆顶建筑，穹顶顶部是救主雕像；还有一尊较低和较大的雕像安放在立面的中央三角墙上。这种设计让人想起帕拉迪奥设计的圣方济各教堂（San Francesco della Vigna），在以后的两个世纪里，其他建筑师也反复使用这样的手法。这座建筑并非狭义上的古典建筑。作为一个朝圣教堂，这座建筑被要求设计一个很长的中殿，这对从事古典建筑的帕拉迪奥是一个挑战。但最终，其内部白色的外墙粉刷、灰色砖石、室内不间断的科林斯柱及穹顶下的十字形空间都表现出了帕拉迪奥特有的折中式设计手法。

△ 威尼斯救主堂剖面图

△ 从运河上看威尼斯救主堂

7. 威尼斯建筑大学入口
Entrance to IUAV

建设时间：1966—1983年
建筑师：卡洛·斯卡帕(Carlo Scarpa)，塞尔吉奥·洛（Sergio Los）
地址：Via Marmorata 4，Venice
建筑关键词：建筑几何组合；斯卡帕

　　威尼斯建筑大学入口是由塞尔吉奥·洛和卡洛·斯卡帕于1983年设计完成。设计过程耗时十年，两人精诚合作，整理并融入了各种建筑语言来丰富门庭的重要性和开放性。设计的第一稿要追溯到1966年斯卡帕的手稿，这个方案是之后创作的主要设计理念，一直持续到他的逝去。正如今天大家所看到的，石块配混凝土以几何形态的组织方式成为入口的引导，钢和玻璃弱化了其重量感，挑出的外檐符号化地展现了入口灵动的姿态。入口建于原有建筑之上，在材料和形式上消除了原本的砖砌和石灰石带来的视觉上的差异感。

△ 威尼斯建筑大学入口背面

扩展知识

　　从外部看，竖向的院墙包围着修道院，中间的移动门是学院的入口。入口移动门上方悬挑的雨篷由V字形的两片混凝土板组成，院中的一片倾斜度较大，院外的则微微上扬。移动门是钢框架玻璃构造，由一个滑轮支持，另一个滑轮则操控门的移动。移动门两侧的混凝土墙面肌理，是斯卡帕常用的锯齿形线脚、两旁渐次内缩的阶梯状墙面，赋予大门一种动感。在修复托伦提尼修道院时出土了一扇16世纪的大理石拱门，斯卡帕并没有像通常一样把它再利用为门框，而是作为一种隐喻，把它平放在草坪上，并与曲尺形的水池结合在一起。

△ 威尼斯建筑大学入口正面外观

△ 威尼斯建筑大学入口实景

8. 奎里尼基金会
Fondazione Querini Stampalia

建设时间：1949—1963年
建筑师：卡洛·斯卡帕(Carlo Scarpa)
地址：Campo Santa Maria formosa，Venice
建筑关键词：斯卡帕；节点

　　奎里尼基金会由意大利建筑师卡洛·斯卡帕于1963年修复和改造完成，原来的家族宫殿变为公共图书馆和博物馆。斯卡帕以迎合自然环境和历史文脉为改造的切入点，从自然环境来讲，斯卡帕没有将水拒之门外，而是因势利导，在水患期间通过抬高地面的方式保持建筑的连续性。历史文脉的切入上，斯卡帕在运河一侧的入口处设计了一座与街道连接的典型威尼斯风格小桥，展示了斯卡帕对传统的解读。斯卡帕将整体建筑基础变为托盘，托盘与原来的墙体分开，承载季节变化的同时再现历史感。混凝土通道让海水进入建筑，然后利用原先门廊作为贡多拉直接的出口。轻质小桥也连接了建筑与其对面的广场，成为一个节点将建筑锚固在城市中。材料上，斯卡帕使用灰岩石的墙体覆面，砌体和木头的多次对话贯穿整个设计。内院里的水槽布局、百合花水池、彩色瓷砖和整体的围合庭院的营造都透漏出斯卡帕受到的东方文化的影响。

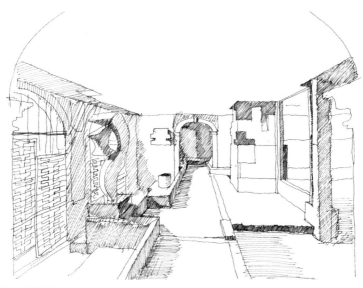

△ 奎里尼基金会展区内部

△ 奎里尼基金会内院

△ 奎里尼基金会面海出口

△ 奎里尼基金会内景

9. 奥利维蒂展示中心
Olivetti Showroom

建设时间：1954—1958年
建筑师：卡洛·斯卡帕(Carlo Scarpa)
地址：Piazza San Marco，Venice
建筑关键词：斯卡帕；蒙太奇手法

　　奥利维蒂展示中心是意大利二战后其公司为了支持建筑师创作带来的竞赛项目，1958年卡洛·斯卡帕赢得竞赛。展示中心位于威尼斯圣马可广场（Piazza San Marco），建筑师用各种不同的材料和节点构造去营造了一个又长又窄的四米高空间。陈列室南侧朝向圣马可广场的拱廊是入口，后侧临运河，自然照度极低。斯卡帕通过面向广场的大面积落地玻璃窗、夹层面向广场的杏仁形窗户以及临河一面透过柚木格栅的水光反射，尽可能多地获得自然光。同时在墙面上排布长方形乳白色磨砂玻璃，玻璃后方布置荧光灯形成墙面光柱，改善了室内光线。

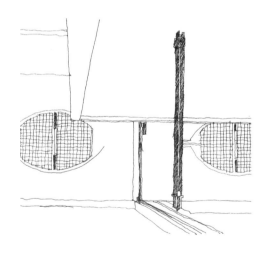

△ 奥利维蒂展示中心木格栅窗

扩展知识

　　一进入展厅，所有的节点带来的视觉感受渐次展开:主入口镶有铁元素的木框按一定比例组合，接着是具有雕塑感的漂浮楼梯，高大的背景墙，隐藏的灯带，还有雕塑家阿尔伯特·弗洛兹（Alberto Floats）用黑色大理石创造的小水纹地板。所有的节点都按照材料的特性和颜色进行对比式的拼贴，每一个细节设计都是缜密的整体布局中的一部分。这些特征都极力反映了斯卡帕惯用蒙太奇手法来整合异质元素的设计理念。

△ 奥利维蒂展示中心楼梯

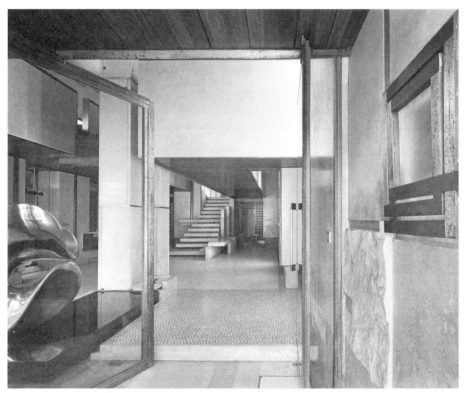

△ 从入口处望向奥利维蒂展示中心楼梯

10. 查特莱之家
Casa delle Zattere

建设时间：1954—1958年
建筑师：意纳齐·加德拉（Ignazio Gardella）
地址：Isola Giudecca，Venice
建筑关键词：二战后建筑；住宅

查特莱之家由意大利建筑师意纳齐·加德拉于1958年设计而成，是当时意大利二战后住宅建筑的代表作之一，也成为威尼斯地区现代住宅的典范。这位米兰建筑师竭力去挖掘威尼斯本地的传统历史元素，并将其转化为现代建筑语言。建筑师没有一味重复沿海的立面表情，而是理性地用折中式的装饰元素打断了沿街的连续性。

扩展知识

住宅立面上的尝试结合了历史性和当代性，并满足了城市肌理。其窄长的开窗和白色高密度装饰的阳台设计灵感都来自于当地一个哥特式的宫殿，每一层立面都运用了不同的样式。住宅的入口极为低调地位于整个构图的偏侧，使得正面呈现出完整且高贵的白色石砌面。在材料的选择上，窗框和阳台扶栏都使用了依斯特里亚石，其带来的光线反射渲染了面向海道的氛围。在当时城市工业化的发展下，住宅的独创语言引起了之后的建筑师对于预制材料使用的思考。

△ 查特莱之家沿海立面

△ 查特莱之家沿海平面图

△ 查特莱之家阳台

△ 从运河上看查特莱之家

11. 威尼斯双年展建筑群
Biennale Architectural Complex

委内瑞拉馆

建设时间：1951—1954年

建筑师：卡洛·斯卡帕（Carlo Scarpa）

地址：Biennale Giardino，Venice

建筑关键词：材料组合

    威尼斯双年展建筑群由不同的建筑师设计，其中委内瑞拉馆由意大利建筑师卡洛·斯卡帕设计。展馆由一个开放的入口空间连接两个方盒子展厅。较高的展厅中通过长条高窗透光，透过高窗可以直接看到周围的树木和天空。斯卡帕一如既往地丰富了内部空间，从而设计了众多不期而遇的节点，创造了不同材料的组合方式。

北欧馆

建设时间：1962年

建筑师：斯维勒·费恩(Sverre Fehn)

地址：Biennale Giardino，Venice

建筑关键词：自然

    威尼斯双年展北欧馆由挪威建筑师斯维勒·费恩设计。建筑师贯彻了北欧建筑风格的两个理念：光线与自然。整个建筑只由四周的墙体支撑，顶部为400平方米的悬臂梁结构屋顶。这样的结构使得展区空间广阔，树木带来的光影通过悬臂梁之间的缝隙渐次进入室内，悬臂之间的玻璃恰到好处地过滤了直射光，整个空间氛围充满了自然的静谧感。

芬兰馆

建设时间：1962年

建筑师：阿尔瓦·阿尔托(Alvar Aalto)

地址：Biennale Giardino，Venice

建筑关键词：钢结构

    威尼斯双年展芬兰馆由芬兰建筑师阿尔瓦·阿尔托设计。展馆用临时性的结构框架搭建而成，建筑师用预制的木板填充了建筑框架。建筑顶部的木构形式来自于传统北欧屋顶结构，天光从该结构两侧进入，犹如一把探照灯浸入内部。展馆外部的白色三角钢和蓝色背景是建筑师符号化的立面表达。

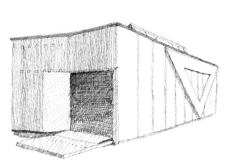

△ 威尼斯双年展芬兰馆

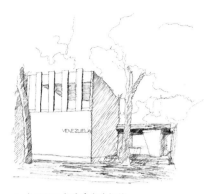

△ 威尼斯双年展委内瑞拉馆

△ 威尼斯双年展北欧馆内景

12. 朱代卡岛住宅群
Residenze alla Isola Giudecca

建设时间：2004—2008年
建筑师：卡洛·埃莫尼诺（Carlo Aymonino）,阿尔多·罗西(Aldo Rossi), 阿尔瓦罗·西扎（Alvaro Siza）
地址：Isola Giudecca，Venice
建筑关键词：城市设计；类型学

1983年，十位著名建筑师被邀请参与了朱代卡岛屿上的兴建活动，该区域位于帕拉迪奥设计的教堂的后方，活动目的是为了兴建集合住宅，并有效地连接原有的东部区域。组委会邀请到了葡萄牙建筑师阿尔瓦罗·西扎作为扩建规划的设计者，阿尔多·罗西和卡洛·埃莫尼诺设计的集合住宅是整个区域的重要部分。

埃莫尼诺设计的部分位于该区域的东北角，建筑师在体量上通过三段式的处理划分了边界和周围建筑的关系，其中两个体块中间设有红色桥架相连，金字塔式的天窗位于中庭。平面上的操作和罗西以往的住宅方案极为类似，室内多处使用了典型的威尼斯色彩。

罗西的部分设计了红色的墙体和半圆的、灰蓝色的顶，表达了符号化的形式语言。三层高的连廊串通了体块间的交通，连廊设计以巨型的圆锥式骨架作为结构。几何式的体量穿插是罗西基于类型学的思考及设计。

这两座建筑旁边则是一座L形的集合住宅，西扎设计了L形的其中一边。面向庭院侧立面的窗形造影极深，顶层上退缩地设计了一个长廊过道。而在L形连接处，建筑师设计了一个45°的伸出小阳台，这是建筑师的个人趣味，为了打破常规的几何语言。

△ 朱代卡岛住宅群沿海外观

△ 朱代卡岛住宅群西扎设计的住宅

△ 朱代卡岛住宅群罗西设计的住宅外观

△ 朱代卡岛住宅群内街街景

13. 马佐波住宅区

Residenze alla Isola Mazzorbo

建设时间：1985—1997年

建筑师：吉安卡洛·德·卡洛（Giancarlo De Carlo）

地址：Isola Mazzorbo，Venice

建筑关键词：城市设计；类型学

马佐波住宅区位于威尼斯马佐波岛上，该岛面向威尼斯彩色岛。意大利建筑师吉安卡洛·德·卡洛在此设计了36栋公寓房，设计灵感也来自于彩色岛上的住宅。建筑师在岸边设计了一套城市系统去活化原有场地，但是又在每一个住宅体上设计独有的特征，慎重地考虑每一户的居住方式。相邻的住户组合在一起都会形成三个不同的立面组合，并可在外侧看出楼梯系统和露台。住宅底层为开放式的厨房和客厅，住宅群多处设有庭院可以让行人路过，保证了住户间的交流，所以每个住户的个人空间都处于二层。建筑师立足当时的社会性和场域性的双重角度创造了一种新的居住模式。

马佐波体育馆同样位于威尼斯马佐波岛上，也是建筑师德·卡洛的设计。体育馆的姿态如波浪一样漂浮在岛上。该建筑结构尺度较小，仿佛是从土地中冒出来一样。曲线结构为混凝土，外表覆盖了木板。体育馆顶部镶有小型金属框的窗户，建筑北面通过带状小窗透光，使室内光线柔和。曲线结构使得西侧自然呈现出可以容纳下150人的观众台。

△ 马佐波住宅区沿海外观

△ 马佐波住宅区内部街景

△ 马佐波住宅区拐角

14. 海关改造项目
Punta della Dogana

建设时间：2009年
建筑师：安藤忠雄（Tado Ando）
地址：Campo del la Dogana，Venice
建筑关键词：改造；清水混凝土

　　威尼斯运河口海关改造项目是由日本建筑师安藤忠雄设计，港口原是当地著名的市场，临海面向圣马可广场（Piazza San Marco），现为艺术馆。建筑师保留了原有的三角形的姿态和原有结构，利用天光引导参观路线，并在框架中设计了清水混凝土盒子来丰富内部形式。在旧建筑物的主体内，没有试图伪装创建新的隔墙、楼梯、人行道和服务设施；相反在保留原有设施的外观下，新增的设计部分则是整个艺术馆在时间和空间上的延续。

扩展知识

　　将原有20个门变为玻璃立面，每一个上面都有一个拱形窗户。新的展览空间遵循原来的海湾布局。原来的木质顶棚横梁都得到了完美的恢复，地板也才采用当地清灰砖石，室内顶部也加入偶然开设的天窗，高处的圆形钢型窗户提供了观赏运河和周围岛屿的视角。整体的空间氛围仿佛一直在叙述该建筑的历史发展。自15世纪以来，这座建筑一直漂浮在水面上，安藤忠雄的意图是为了让它继续漂浮在未来，所以使用20世纪的材料"钢筋混凝土"，将其融入这一历史体系中。

△ 海关改造项目内部

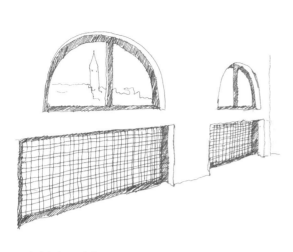

△ 海关改造项目窗户

△ 海关改造项目新老结合处和楼梯

△ 安藤忠雄标志性的清水混凝土体块插入海关改造项目内部

2.2　威尼托自由堡
Castel of Veneto

　　威尼托自由堡是威尼托大区特雷维索省下的一个要镇。自由堡的建设缘起于12世纪末期特雷维索与帕多瓦的争端，为了抵御帕多瓦，特雷维索在此地建设了一座城堡。在13—14世纪的争夺之后，自由堡于1339年以特雷维索附属地的身份被威尼斯吞并，直至1797年威尼斯臣服于奥地利。又于1861年意大利统一后归属特雷维索省。位于老城中心的即是中世纪建造的城堡，城堡为正方形，如今城墙、城门、钟楼、护城河俱在，但内部建筑已多改为居民楼，属于格局完整但功能变迁的老城。自由堡是文艺复兴时期著名画家乔尔乔内的故乡。自由堡主教堂内藏有乔尔乔内最为著名的画作之一《圣方济各与圣尼古拉斯之间的圣母和圣婴》。20世纪后期，自由堡因为著名意大利建筑师卡洛·斯卡帕在其北部的村庄圣维托设计的布里昂家族墓地和位于坡撒尼奥的卡诺瓦雕塑博物馆加建项目而闻名。

1. 威尼托自由堡建筑地图

重点建筑推荐:

■ 布里昂家族墓地（Tomba Brion）

☑ 卡诺瓦雕塑博物馆扩建项目（Museo Gipsoteca Antonio Canova）

2. 布里昂家族墓地
Tomba Brion

建设时间：1969—1978年
建筑师：卡洛·斯卡帕（Carlo Scarpa）
地址：Via Brioni, 28, Altivole TV
建筑关键词：墓地；东方几何

　　1969年，卡洛·斯卡帕开始为布里昂夫妇设计家族墓园。作为其最杰出的建筑作品，直至1978年他去世才最终完工。墓园由连续围墙圈定，平面呈L形，采用东方园林漫游式的布局。由南区较私密的双圆门廊进入，会先到达沉思亭。亭子由拆下的混凝土线角模板拼接组合，金属铁件和铜块构成四组支架支撑起整个建筑，使其浮于水面。石板小路将亭子与墓室相连。墓主夫妻的石棺被设计为内倾相对，置于混凝土线角装饰的桥拱底的圆台。墓园各处细部皆含符号式象征。围墙接角处的古代玛雅金字塔形装饰象征"死亡之于生命的永恒"，而富有动势的双圆门廊象征着"生与死之间的轮回"。符号所带来的丰富形式始终活跃在斯卡帕的建构语言中。这个入口双圆的细部设计既非可走动的开口，也非窗户，而是引导生命、暗示生命的符号。不论如何诠释这个双圆，或称其为中国式的阴阳符号，或为橄榄形光轮等，这个被置于一个旧广场、在一个被冬天所摧残的柏树大道的终点上的双圆，它的背后则穿行至由生命之绿荫所装点的花园中。这也正是斯卡帕建筑所具有最大的能量：他引领我们悠游于时光、沉浸奇想，使我们不只享受建筑的美妙，还挑动想象并蕴集沉思。

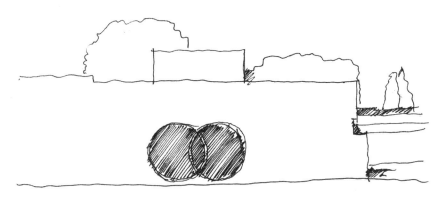

△布里昂家族墓地入口

△布里昂家族墓地室内礼堂

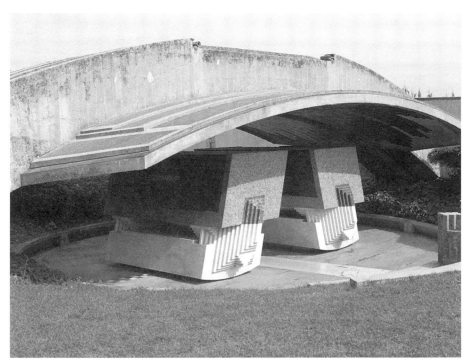

△布里昂家族墓地室外墓室

3. 卡诺瓦雕塑博物馆扩建项目
Museo Gipsoteca Antonio Canova

建设时间：1957年
建筑师：卡洛·斯卡帕(Carlo Scarpa)
地址：Via Canova，74，Possagno
建筑关键词：博物馆；光线

　　1957年，为纪念新古典主义雕塑大师安东尼奥·卡诺瓦（Antonio Canova）200周年诞辰，波萨诺市政府计划在旧雕塑博物馆边扩建新馆，以保存原本杂乱陈列的一部分作品。新馆的入口位于老馆的前厅。前厅里由一道圆拱门引往老馆，而一组台阶则引向新馆扩建的体量。该体量被狭长的场地所限制，呈不规则的L形。在这个几乎纯白色的展览空间中，斯卡帕将展示环境作为整体来考量，试图为每尊雕像找到正确的位置，因此所有展厅无论在空间体量、地坪高度还是在窗户形式上，都各不相同，为游客提供了丰富的观展体验。建筑师没有将背景墙施以色彩来强调这些白色石膏无可置疑的主体地位，而是借由亮度和阴影创造雕塑清晰的体量。内凹型角窗为室内提供多方向的光。展品由墙壁漫射而非直射照亮，这使物体与光的互动充满偶然性和戏剧性。

扩展知识

　　斯卡帕曾经在威尼斯建筑大学的讲座中近乎直白地剖解了角窗形式的目的——"抓住天空的蓝"。他渴求直接的透明，是感知不到玻璃存在的透明，而角窗转角处的棱线无时不在忠实地表达体量的存在。为此，斯卡帕设计的角窗两面不是直接相接，而是增加一块斜置的条形玻璃，以面消解线，如此完成一扇悬浮透明的窗。

△卡诺瓦雕塑博物馆扩建项目高窗细部

△卡诺瓦雕塑博物馆扩建项目室内（一）

△卡诺瓦雕塑博物馆扩建项目室内（二）

2.3　维琴察
Vicenza

　　维琴察市位于意大利威尼托大区、维琴察省省会。创城时间约在前1—2世纪，这一点可以从市内零星的古罗马遗迹得到证实。在14世纪之前，维琴察争战不断，曾经为多方势力所占领。直到15世纪初，维琴察成为威尼斯共和国的一部分，才有了一段较为稳定发展的时期。自此之后，维琴察地区经济蓬勃发展，开始建造豪华宅邸。帕拉迪奥的出现，在时机上恰巧契合，才会成就了维琴察不超过2.2平方千米的历史城区内出现了23座帕拉迪奥住宅。因为帕拉迪奥在此地留下的大量建筑作品，以及自16世纪以来未有太大改变的城市风貌，1994年，教科文组织将"维琴察——帕拉迪奥之都"列入世界文化遗产名录。 在文艺复兴之前，艺术是为神服务的，而建筑艺术的精华也仅仅存在于神殿、教堂和皇宫。直到建筑大师帕拉迪奥及其在维琴察郊外的、以圆厅别墅为代表的作品诞生，为人服务的宫殿式豪宅成为文艺复兴时期建筑作品的奇葩。它展现的是尊贵的人是如何生活，而不再是神。因此，帕拉迪奥风格住宅也是关于人的尊贵生活最早的经典建筑范例。

1. 维琴察建筑地图

重点建筑推荐：

■ 帕拉迪奥巴西利卡（Basilica Palladiana）

❷ 基利卡迪府邸（Palazzo Chiericati）

❸ 奥林匹克剧院（Teatro Olimpico）

❹ 帕拉迪奥博物馆（Museo Palladio）

❺ 圆厅别墅（Villa Rotonda）（未包含在地图中）

2. 帕拉迪奥巴西利卡
Basilica Palladiana

建设时间：1549—1614年
建筑师：安德烈·帕拉迪奥（Andrea Palladio）
地址：Piazza dei Signori，Vicenza
建筑关键词：帕拉迪奥；改建

　　帕拉迪奥巴西利卡始建于15世纪，这座哥特式建筑原本是维琴察市政府，同时也是法院。 在西南角坍塌后，1549年4月开始维修重建这座建筑并将其改为教堂，帕拉迪奥负责这项工程。他梳理了原有建筑的平面并在外侧加建了底层的凉廊和二层的围廊，隐藏了原本的哥特式立面。由于是改建工程，建筑结构已经存在，这就使外部凉廊无法实现一个文艺复兴时期典雅的连续半圆拱。帕拉迪奥为解决开间与层高比例过小的问题，设计了一种新的拱券形式。在两根大柱子中间发一个券，券角落在左右各两根独立的小柱子上，这样就把一个大开间划分成三个小开间，以中央部分发券的空间为主，还在券两侧的额枋墙上各开一个圆洞，取得虚实相生、比例均衡的组合式构图。这种拱券形式被后期文艺复兴建筑师经常使用于门窗，被称为帕拉迪奥母题。这座教堂也因第一次使用这种拱券形式而著名。

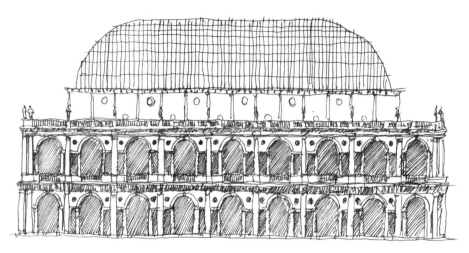

△巴西利卡正立面：帕拉迪奥母题

△巴西利卡内部

△从广场上看巴西利卡

3. 基利卡迪府邸
Palazzo Chiericati

建设时间：1550—1680年
建筑师：安德烈·帕拉迪奥（Andrea Palladio）
地址：Piazza Giacomo Matteotti，Vicenza
建筑关键词：帕拉迪奥；折中主义

　　基利卡迪府邸位于意大利北部城市维琴察，是一座文艺复兴时期的府邸。府邸的拥有者是基利卡迪家族，家族委派意大利建筑师帕拉迪奥设计该府邸和其家族别墅（Villa chiericati）。帕拉迪奥于1550年开始动工设计，很多工作都是在其家族帮助下完成的，但是这座府邸一直到1680年都没有完成的，其之后的工作是由建筑师卡罗·波雷拉（Carlo Borella）完善。1855年以后，府邸变为城市博物馆和艺术馆，被认为是最重要的帕拉迪奥式建筑之一。

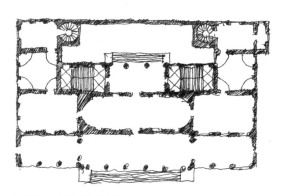

△基利卡迪府邸底层平面图

扩展知识
　　宫殿位于贩卖木材和牛匹的市场广场内。在当时，它是一个溪流包围的小岛，为了保护原有结构，免受频繁的洪水侵袭，帕拉迪奥将整个宫殿设计在一个更高的位置，入口可以通过三重经典风格的楼梯进入。宫殿立面由三个柱廊构成，中间的前廊较为凸出，二层的中间部分是封闭的。立面首层以塔司干柱式环绕，而到了二层则为爱奥尼柱式。这样的操作是帕拉迪奥对于古典和当时建筑语言下的强烈折中意识。宫殿标志着从早期帕拉迪奥式的折中主义到其完善自我语言系统的转变。

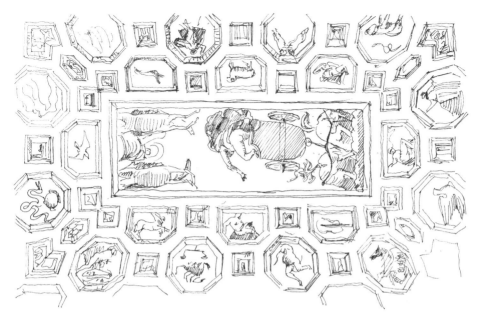

△基利卡迪府邸底层大厅顶棚

△从广场上看基利卡迪府邸

4. 奥林匹克剧院
Teatro Olimpico

建设时间：1580—1585年
建筑师：安德烈·帕拉迪奥（Andrea Palladio）
地址：Piazza Matteotti，Vicenza
建筑关键词：舞台建筑；视觉陷阱

　　奥林匹克剧院是意大利北方维琴察的一个剧院，建于1580—1585年。该剧院是由意大利文艺复兴时期的建筑师安德烈·帕拉迪奥设计，直到他去世后才完成。剧院的设计是对文艺复兴维特鲁威式建筑的反思和创新，企图创建新的"古代剧院"的模式。舞台布景安装于1585年，具有视觉陷阱效果，是现存最古老的舞台布景，也是仅存的三座文艺复兴剧院之一。1994年，奥林匹克剧院，连同维琴察城内外其他帕拉迪奥建筑，被列为世界遗产。奥林匹克剧院使用了罗马剧场的结构，礼堂由于空间的原因被压扁，形状为半椭圆形。舞台正前方被设计为如凯旋门和中央拱的形式，同时使用了帕拉迪奥府邸正立面惯常的三分法。舞台正立面极为文艺复兴式，一排圆柱结构被贴满砖和石膏。帕拉迪奥的学生、建筑师斯卡莫奇（Vicenzo Scamozzi）设计了以底比斯城为原型的背景街道。位于中轴线上的主街实际只有12米，但由于透视的作用，视觉效果远胜于此：仿佛地面升起，天空下降，石膏装饰和纱布雕变得越来越小。这是用木头和灰泥方式构建出的一个理想城市，舞台表演成为一种视觉误导。

△ 奥林匹克剧院内部观众席

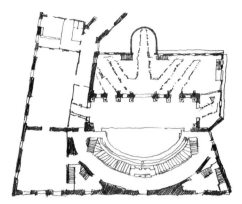

△ 奥林匹克剧院平面图

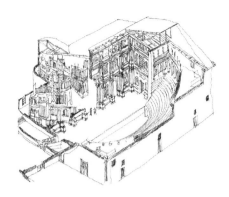

△ 奥林匹克剧院剖视图

△ 奥林匹克剧院舞台，右侧为主街

5. 帕拉迪奥博物馆
Museo Palladio

建设时间：1570—1575年
建筑师：安德烈·帕拉迪奥（Andrea Palladio）
地址：Contrà Porti 11，Vicenza
建筑关键词：帕拉迪奥；博物馆建筑

　　帕拉迪奥博物馆原先为巴巴然府邸（Palazzo Barbaran da Porto），位于意大利维琴察，由帕拉迪奥建于1570—1575年。府邸内设有帕拉迪奥博物馆和国际建筑研究中心。府邸的立面设计也被定义为重建城市纪念性的创新之作，帕拉迪奥用折中的建筑语言弥补了城市角落的历史价值。宫殿一层中由一个宏伟的四柱中庭将两个预先存在的建筑物合并在一起。在建造过程中，帕拉迪奥被要求解决两个问题：一个是如何支撑高贵的钢琴大厅的地板；另一个是如何解决因为周边墙壁倾斜带来的内部的不对称感。设计灵感来自罗马马塞勒斯剧院的翅膀模型，帕拉迪奥将内部分为三个通道，将四个爱奥尼柱集中在一起，这样可以减少中央十字架的跨度。因此，它们实现了一个非常静态的框架，能够毫无困难地承载上述大厅的地板。

△ 帕拉迪奥博物馆内庭

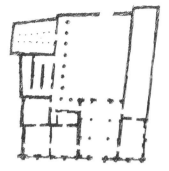

△ 帕拉迪奥博物馆平面图

△ 帕拉迪奥博物馆剖面图

△ 帕拉迪奥博物馆街景

6. 圆厅别墅
Villa Rotonda

建设时间：1570年
建筑师：安德烈·帕拉迪奥（Andrea Palladio）
地址：Via della Rotonda，45，Vicenza
建筑关键词：别墅；帕拉迪奥式

　　圆厅别墅建于1570年前后，作为帕拉迪奥最为出名的设计，是其为主教保罗·阿尔梅利克设计的私人别墅，而后教皇庇护四世和庇护五世也曾使用。圆厅别墅作为典范影响了整个16世纪下半叶的威尼斯别墅建筑。由于别墅使用者自始至终都是教会的高级教士，不同于一般世俗住宅，所以宗教性影响了建筑的形式。帕拉迪奥很可能受到罗马万神庙的启发，通过圆形与方形、球体与立方体的组合，在巨大的圆顶下实现某种古典几何中显示的神性。别墅的平面中心对称，如同希腊式十字教堂。面朝四个方向的门廊使住宅非常通透，身处建筑之内仍有极好的风景视野。尽管文艺复兴时期的人文主义思想极大影响了建筑的形式，但内部的壁画、雕塑等装饰依旧展现着16世纪的贵族生活。

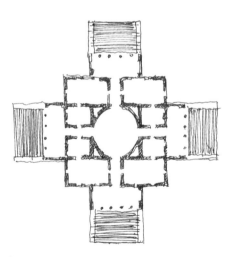

△圆厅别墅平面图

扩展知识

　　圆厅别墅达到了造型的高度协调，整座别墅由最基本的几何形体方形、圆形、三角形、圆柱体、球体等组成，简洁干净，构图严谨。各部分之间联系紧密，大小适度，主次分明，虚实结合，十分和谐妥帖。几条主要的水平线脚的交接，使各部呈现出有机性，绝无生硬之感。优美的神庙式柱廊，减弱了方形主体的单调和冷淡。帕拉迪奥从古代典范中提炼出古典主义的精华，建筑结构严谨对称，风格冷静，表现出逻辑性极强的理性主义手法。

△圆厅别墅室内

△圆厅别墅正立面

2.4 维罗纳
Verona

　　维罗纳北靠阿尔卑斯山，西临经济重镇米兰，东接水城威尼斯，南通首都罗马，因此有意大利的门户之称。维罗纳是意大利最古老、最美丽和最荣耀的城市之一，拉丁语的意思为"极高雅的城市"。如今是威尼托地区仅次于威尼斯的第二大城市。前1世纪就已经是古罗马帝国的一个重要驻防地，城中现有的古罗马建筑大多建造于此时。至今，维罗纳城中心的交通干道依然保留着古罗马时代的网状结构，古罗马时代的三条主要大道：奥古斯图斯大道、高卢大道以及波斯突米亚大道都要经过维罗纳。由此，维罗纳被视作意大利第二大的古罗马化城市。城内至今依然保存着从古代、中世纪一直到文艺复兴时期的经典建筑如著名的圆形竞技场、大圣泽诺大教堂、古罗马剧场、大量纪念碑和一座完好的斗兽场。现代主义之后，维罗纳老城堡博物馆的修复设计确立了建筑师卡洛·斯卡帕在当时意大利古建筑修建和博物馆学的重要地位。维罗纳也被称作是"爱之城"，莎士比亚笔下的罗密欧与朱丽叶的爱情故事就发生在这里。

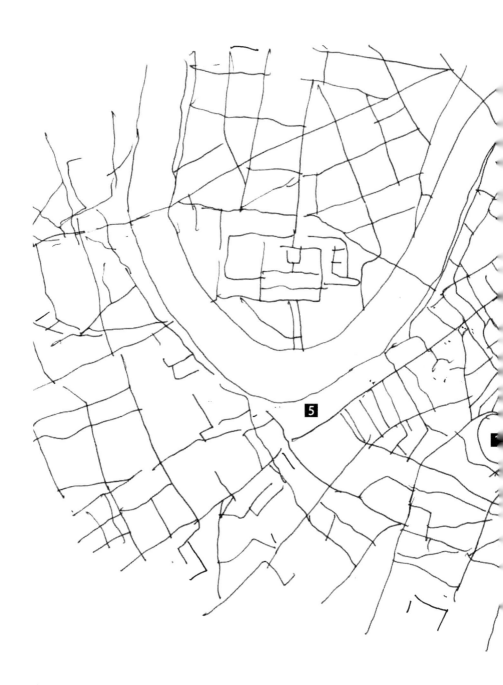

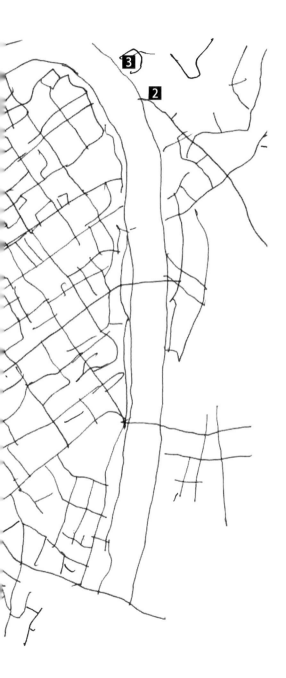

1. 维罗纳建筑地图

重点建筑推荐:

1 圆形露天剧场 (Arena)

2 古罗马剧场 (Teatro Romano di Verona)

3 圣史蒂芬教堂 (Chiesa di Santo Stefano)

4 维罗纳人民银行 (Banca Popolare di Verona)

5 维罗纳老城堡博物馆 (Museo di Castelvecchio)

2. 圆形露天剧场
Arena

建设时间：1~3世纪
建筑师：佚名
地址：Piazza Bra，Verona
建筑关键词：剧场；古罗马建筑

　　维罗纳圆形露天剧场位于维罗纳市中心的布拉广场（Piazza bra），建造时间约为1—3世纪，即罗马帝国奥古斯都和克劳狄一世时期。由于自17世纪就开始的系统性保护和修复工作，该剧场属同类建筑中保存最完好的建筑之一，至今仍在使用，最多可容纳三万名观众。剧场位于罗马共和国时期的城墙外，椭圆平面的长轴与城市南北主干道平行，短轴与东西干道平行，以便于接入城市下水道系统。剧场主体由三圈环形结构与众多辐向的筒拱构成。椭圆的尺寸为长轴250米、短轴150米，观众看台共44级，宽125米。剧场被垫高于罗马水泥平台之上，现在看见的立面并非真正外立面，事实上用于表达纪念性的外立面有三层高，每层包含72个拱门，目前只剩下一段宽度为四个拱的片段。这三层拱廊均采用塔司干柱式，一二层为半柱，三层柱身隐藏在墙内，每层高度从低到高递减，分别为7.1m、6.3m、4.5m，用来强调竖直向上的视觉印象。微凸的石头墙面由白色和玫瑰色的石灰石以特有的罗马砌法形式构成。

△ 圆形露天剧场街景外观

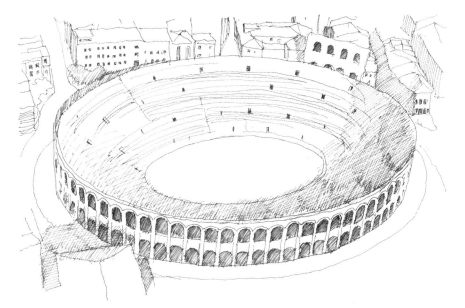

△ 圆形露天剧场俯视鸟瞰图

△ 圆形露天剧场外立面

3. 古罗马剧场
Teatro Romano di Verona

建设时间：前1世纪末
建筑师：佚名
地址：Via Regaste Redentore，2，Verona
建筑关键词：古罗马剧场

　　古罗马剧场建于前1世纪末，位于圣彼得罗山脚、阿迪杰河岸、维罗纳古罗马围墙的境内，建成时可容纳约3000名观众。1830年前后剧场经历了座位、台阶、凉廊和舞台的修复工作，目前每年夏季都会被用来举办当地的音乐节。剧场的正面主体紧贴河面，处在玻斯图米奥（Postumio）和彼耶特拉（Pietra）两桥之间。根据考古资料和复原模型来看，其立面为完整的多层柱廊，自下而上为塔司干柱式、爱奥尼柱式以及屋顶之上仅有半层的埋墙半柱。主体的另一侧面对观众席，由众多雕塑装饰，被用作固定布景。该主体服务于剧场的露天部分，即数个分工不同的露天舞台和露天观众席，这里采用了古希腊剧场的手法。观众席被分为两片区域，其扇形的最大半径处有105米，仅两侧少部分靠边界墙壁支撑。部分观众席被建于10世纪的圣西罗教堂占据。剧场后部的山体上有三层堆叠的平台，宽约120米。平台上有一个对称的神庙，现已被圣彼得罗城堡（Castel San Pietro）取代。

△ 古罗马剧场剖面图

△ 古罗马剧场整体俯视图

△ 从上部俯瞰古罗马剧场

4. 圣史蒂芬教堂
Chiesa di Santo Stefano

建设时间：5世纪
建筑师：佚名
地址：Vicolo Scaletta S. Stefano，2，Verona
建筑关键词：基督教宗教建筑

  圣史蒂芬教堂的建造与基督教会首位殉道者史蒂芬（Stefano Protomartire）的遗物被发现有关。教堂建于5世纪，位于维罗纳的古罗马城墙外不远处，属于早期基督教巴西利卡建筑。与大多的巴西利卡一样，教堂由一个中厅、两侧的耳堂和半圆形后殿构成。中厅和耳堂均为长方形空间，通过纵向的几排柱子分隔。中央比侧廊高很多，在高度差上有开窗，室内顶部为木质顶棚。教堂经历了多次改建和修复。罗马风时期，教堂的半圆形后殿内添加了回廊，之后又开挖了地下室。12世纪，教堂的柱廊前厅（nartece）被引入，立面也进行了调整，在室内可以感受到空间明显的加长。因而早期基督教建筑的特征并不明显。1618—1621年，为了容纳五个维罗纳早期主教的遗骨和40位维罗纳殉道者的遗物，瓦拉里（Varalli）小教堂（殿）被建造。该殿形态为一个覆有伞形屋顶的半圆桶状，属于巴洛克风格，室内抹灰并有装饰纹样，墙上共三幅油画。

△ 圣史蒂芬教堂立面外观

△ 圣史蒂芬教堂内部大厅

△ 圣史蒂芬教堂街景

5. 维罗纳人民银行
Banca Popolare di Verona

建设时间：1973—1981年
建筑师：卡洛·斯卡帕（Carlo Scarpa）
地址：Via del Pontiere，11，37122 Verona
建筑关键词：斯卡帕；立面改造

维罗纳人民银行是斯卡帕后期重要代表作之一，也是斯卡帕生前所设计的规模最大的作品。它位于维罗纳竞技场后，并面对不同的两个广场，两个广场被处于中间的教堂分割。原有的银行就在广场的一角，是一座18世纪的建筑。斯卡帕要求银行将相邻的建筑买下来以扩充原有的空间，保证新银行建筑有充足空间来弥合两个广场的割裂。屋顶的铺地使用了和地面广场完全相同的材料和建造方法，并且放置水槽来承接雨水以吸引空中的飞鸟。身处楼顶的人们会意识到这个屋顶空间是城市广场空间的一种延续。顶楼玻璃窗前连续的对柱将屋顶托起，斯卡帕惯常使用的混凝土锯齿形线角作为排水件将立面以恰当的比例分割，并布置圆形窗洞对建筑的立面进行更为精细的调整。

扩展知识

依照斯卡帕的说法，这个项目与其说是一个伟大的建筑设计，倒不如说是一次成功的城市设计。它的成功不仅在单体意义上，也在于它在维罗纳的具体城市环境中所完成的以建筑编织城市的动作。建筑立面被分为三层，三层从材质到色彩都有很大的不同。底层是以粉红色光滑的大理石为饰面的建筑基座；中层是墙面，以粗糙的捣浆灰泥为材料，与底层光滑粉红色的大理石形成对比；顶层是由黑色金属双柱撑起的屋顶柱廊，柱廊后方是具有现代感的玻璃幕墙。

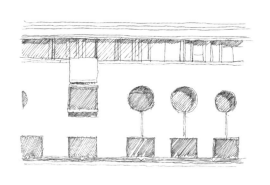

△ 维罗纳人民银行立面

△维罗纳人民银行立面

△维罗纳人民银行

6. 维罗纳老城堡博物馆
Museo di Castelvecchio

建设时间：1956—1964年
建筑师：卡洛·斯卡帕（Carlo Scarpa）
地址：Corso Castelvecchio, 2, Verona
建筑关键词：博物馆改建

　　早在卡洛·斯卡帕1956年进行修复改建前，维罗纳老城堡博物馆就曾在1923年被整体维修过。1923年的改建将拿破仑占领时期的营房立面改为对称的宫殿样式，室内装饰也变为16—17世纪的历史风格，而室外的演兵场则被建成了意大利式花园。斯卡帕对这个几乎改头换面的修复工程十分不满，甚至讽刺其"每一样东西都是虚假的"，基于此他希望找到老城堡正确的历史价值。在重新粉刷营房立面时，各时期的结构被有选择地露出。由于12世纪城墙遗址的发现，北面营房的最西角房间被打断，但挑出的屋顶作为连续结构被保留。斯卡拉公爵的雕像由L形托支撑，受蔽于挑出的屋顶下。在立面加设由维罗纳大理石砌筑的方形神龛，并打破了原有的对称性。

△维罗纳老城堡博物馆展厅之一

扩展知识

　　斯卡帕利用两条横贯庭院东西的平行的紫杉树篱，在视线上和流线上，将庭园的对称性打破，并将主入口移到庭园的东侧角。同时将园林与博物馆的室内紧密连接，使参观者可以驻足欣赏他建造的园林。斯卡帕在建筑和内庭院上的双重设计给参观者提供了一种自由体验的可能性，通过意大利东北部独有的建造节点形式串联其历史感和自然环境，空间的内与外。

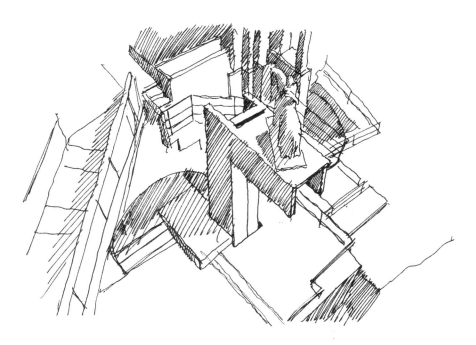

△维罗纳老城堡博物馆斯卡拉公爵雕像

△维罗纳老城堡博物馆内院

第三部分
佛罗伦萨—罗马

3.1 佛罗伦萨及其周边

3.1.1 佛罗伦萨
Florence

佛罗伦萨是著名的文艺复兴之都，位于意大利中部，是现今托斯卡纳大区的首府。自中世纪晚期起至16世纪，此地因羊毛和银行业务而经济发达，文化繁荣，终为西方历史留下浓墨重彩的一笔，成为文艺复兴的发源地。1418年，金匠出身的建筑师伯鲁乃列斯基赢得了佛罗伦萨圣母百花大教堂穹顶建造的委托，把对古罗马建筑、托斯卡纳哥特建筑的研究，加上透视法，一起带入建筑，开启了一个崭新的时代。不仅建筑如此，绘画、雕塑也使用了相同的手法，艺术上达到了空前的统一。这些艺术作品成为权力的象征，受到贵族家族的赞助，其中尤以美第奇家族最负盛名，他们的艺术赞助遍布全城。这个家族在16世纪出了两位人文主义教皇，使得文艺复兴在罗马发扬光大。由于人文主义者集中于此，托斯卡纳语也成为现代意大利语的基础。16世纪以后，佛罗伦萨一度乏善可陈，直至北方的萨沃伊王朝统一意大利，佛罗伦萨才于1865—1871年成为意大利的临时首都。佛罗伦萨在二战中损毁严重，著名的老桥区域在德军撤退时遭到轰炸，战后的建设重点放在了重建和保护原有城市风貌上，因此，老城内新建筑不多，但以乔万尼·米开鲁齐为代表的托斯卡纳学派建筑师同样为佛罗伦萨创造了许多优秀的当代建筑，他们在借鉴历史传统之外，强调了现代建筑注重功能流线、光影效果和简洁体量的特征，让老城焕发出新的生机。1982年，佛罗伦萨被联合国教科文组织定为世界文化遗产。

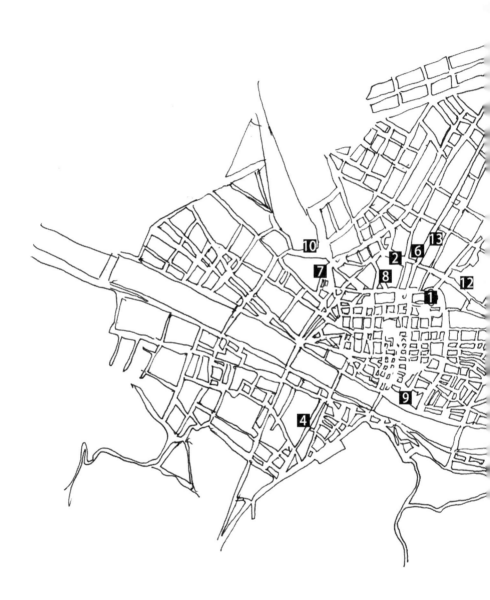

1. 佛罗伦萨建筑地图

重点建筑推荐：

▮**1** 圣母百花大教堂建筑群（Cathedral of Saint Mary of the Flower）

▮**2** 圣洛伦佐教堂及美第奇家族新旧礼拜堂（Basilica of San Lorenzo and the Medici Chapels）

▮**3** 英诺森提育婴院（Ospedale degli Innocenti）

▮**4** 圣灵教堂（Basilica di Santo Spirito）

▮**5** 巴齐礼拜堂（Cappella Pazzi）

▮**6** 美第奇宫（Palazzo Medici Riccardi）

▮**7** 新圣母教堂（Basilica di Santa Maria Novella）

▮**8** 洛伦佐图书馆（Biblioteca Medicea Laurenziana）

▮**9** 乌菲齐美术馆（Galleria degli Uffizi）

▮**10** 佛罗伦萨火车站（Stazione Firenze Santa Maria Novella）

▮**11** 高速公路教堂（Chiesa Autostrada）（未包含在地图中）

▮**12** 信托银行大楼加建项目（Casa di Risparmio）

▮**13** 伙伴影院（Teatro della Compagnia）

2. 圣母百花大教堂建筑群
Cathedral of Saint Mary of the Flower

建设时间：1296—1436年（穹顶竣工）；1887年（立面）；1903年（铜大门）
建筑师：伯鲁乃列斯基（Brunelleschi）、乔托（Giotto）等人
地址：Piazza del Duomo，Florence
建筑关键词：文艺复兴建筑肇始；伯鲁乃列斯基

佛罗伦萨圣母百花大教堂起建于5世纪保留下来的巴西利卡。13世纪晚期，随着城市经济与人口复苏，原先的建筑已不堪重负，加上托斯卡纳地区城市之间竞相以大教堂作为竞争手段，继比萨和锡耶纳之后，佛罗伦萨大教堂最终在1296年破土动工。在漫长的建造过程中，大教堂的设计者不止一位。著名画家乔托曾于1334—1337年设计并建成了钟塔。到了15世纪，随着佛罗伦萨野心日趋庞大，建设大教堂的任务变得炙手可热，教堂本身也越建越大，穹顶完全超出了当时的建造技术。但这激发了建筑师伯鲁乃列斯基的积极探索，在对古罗马建筑进行全面考察之后，这位大师结合地方建造传统，以8根肋骨拱封顶，这种有意识地对古代文化进行研究并用于实践的行为开启了文艺复兴建筑。

△伯鲁乃列斯基参加洗礼堂青铜大门竞赛时的参赛作品

轶事

建筑史中对于伯鲁乃列斯基与当时著名的雕塑家吉尔贝蒂（Ghiberti）争夺大教堂建筑师的故事总是津津乐道。但这并非两人首次交锋。1401年，圣若望洗礼堂青铜大门竞赛中，两人分别演绎以撒献祭这一主题，伯鲁乃列斯基在透视处理和人物形象的姿态上均胜于吉尔贝蒂，但后者最终以高超的铸造技术胜出。这一差异表明相较于吉尔贝蒂重视的传统手工技巧，伯鲁乃列斯基更注重理性探索，这最终让他在将近20年后解决了前无古人的建筑难题，成为一代大师。

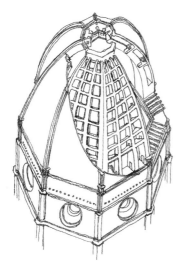

△圣母百花大教堂穹顶结构

△圣母百花大教堂穹顶外观

△仰视圣母百花大教堂穹顶

3. 圣洛伦佐教堂及美第奇家族新旧礼拜堂
Basilica of San Lorenzo and the Medici Chapels

建设时间：1428年（旧礼拜堂）；1461年（教堂）；1524年（新礼拜堂）
建筑师：伯鲁乃列斯基（Brunelleschi）、米开朗基罗（Michelangelo）等人
地址：Piazza di San Lorenzo，9，Florence
建筑关键词：伯鲁乃列斯基；米开朗基罗；美第奇家族

　　佛罗伦萨的圣洛伦佐教堂源于古罗马时期，中世纪时又在其基础上修建了罗马风教堂。1419年，美第奇家族出资重修教堂，并在其后方修建礼拜堂作为家墓，伯鲁乃列斯基为建筑师，在其1446年去世前仅完成旧礼拜堂。该建筑强调几何秩序感，平面为正方形，室内以科林斯壁柱、楣钩、圆拱等作为装饰，与结构脱开，只为强调几何形式，穹顶则是对拜占庭顶的化用。这种对比例和古典元素的应用形成了文艺复兴建筑的特征。近一个世纪之后，米开朗基罗受列奥十世的委托建造新礼拜堂，是对这种方式的延续与革新。相比伯鲁乃列斯基，雕塑家出身的米开朗基罗语言更为丰富，用盲窗、不落地的柱子等手法表达这种装饰性构件与真实结构的不同。

扩展知识

　　如果去参观圣洛伦佐教堂，一定首先会被教堂背后高耸的穹顶所吸引。这个穹顶位于教堂中殿的轴线上，但却不属于教堂本身，而是美第奇家族另一个建于17世纪早期的礼拜堂：王子小圣堂（Cappella dei Principi）。该礼拜堂平面呈八角形，有六座美第奇家族衣冠冢，室内富丽堂皇，以大理石贴面，与之前两座礼拜堂审美迥异。

△圣洛伦佐教堂内景

Giuliano De Medici

△圣洛伦佐教堂与美第奇家族的豪华者"洛伦佐"

△米开朗基罗设计的美第奇家族新礼拜堂

4. 英诺森提育婴院
Ospedale degli Innocenti

建设时间：1419—1436 年

建筑师：伯鲁乃列斯基（Brunelleschi）；弗朗西斯科（Francesco della Luna）

地址：Piazza della Santissima Annunziata，Florence

建筑关键词：伯鲁乃列斯基；比例；塞茵那石

  英诺森提育婴院为伯鲁乃列斯基早期作品，他在1419年受丝绸行会委托，设计建造一座收容弃婴的医院。建设从门廊开始，共九跨。伯鲁乃列斯基采用了严格的比例控制，以单根组合柱的高度为准，单跨平面正方形，边长与柱高相等，柱子上方采用圆拱，拱高为柱高的一半。这是他综合了古罗马建筑和托斯卡纳地方传统长廊的结果。在材料上选用了灰色塞茵那石（pietra serena），这种质地温润、颜色素雅的石材经常出现在伯鲁乃列斯基的作品中，与豪华的大理石相比，它更能表达建筑师想要传递的几何理念。伯鲁乃列斯基还完成了运用爱奥尼柱式的女士庭。1427年后，建筑师弗朗西斯科接手建造，对设计有所改动。

扩展知识

  伯鲁乃列斯基的英诺森提育婴院门廊对之后的建筑有着重要影响，首当其冲就是门前圣母领报广场在文艺复兴时期完成的统一协调建设。圣母领报广场得名于广场尽端的圣母领报教堂，由七个佛罗伦萨青年斥资建造。15世纪中期，米开罗佐（Michelozzo）和阿尔伯蒂（Alberti）对教堂进行了翻修，并参照伯鲁乃列斯基的设计完成了门廊。1516年，老桑伽洛将正对育婴院的玛利亚修会的门廊在形式和材料上与育婴院的门廊相统一。终于，在1601年，由建筑师卡契尼（Giovanni Battista Caccini）补完所有门廊的建造，形成一体的广场。

△伯鲁乃列斯基为育婴院门廊设计的柱头

△育婴院所在圣母领报广场统一的门廊立面

△伯鲁乃列斯基设计的育婴院内的女士庭优雅精致

5. 圣灵教堂
Basilica di Santo Spirito

建设时间：1444—1487年
建筑师：伯鲁乃列斯基（Brunelleschi）
地址：Piazza Santo Spirito，30，Florence
建筑关键词：伯鲁乃列斯基；透视；比例

  圣灵教堂位于佛罗伦萨的母亲河阿诺河南岸，老城的另一侧，但这一区域却并不失文化的繁盛。14世纪末，以薄伽丘和彼得拉赫为代表的早期人文主义者就聚居在这一区域，并将自己的图书馆捐赠给修道院。这种人文情怀日盛，终于到了1428年伯鲁乃列斯基受到修道院委托，重建教堂，但建造进展缓慢，教堂本身在建筑师去世之后得到了较为完整的呈现。教堂平面为拉丁十字，伯鲁乃列斯基延续了他在之前项目中的处理手法，使用正方形为单元，中殿为两个正方形的宽度，是侧廊的两倍，壁龛为以正方形边长为直径的半圆形。为了保持整个教堂一致的比例，伯鲁乃列斯基甚至不惜取消传统中半圆形的主祭坛，而采用方形，且宽度与耳堂相同。

扩展知识

  伯鲁乃列斯基将比例控制扩展至整个教堂，使得教堂各部分之间均为相同的1：2的比例。同时，他也为这种几何性的设计给出了相应的表现手法：透视图。虽然透视并非伯鲁乃列斯基独创，但却是他首先将其完整地引入建筑。比例精确控制的建筑方便建筑师在二维的纸面网格上进行精确计算，获得缩短后的位置以及尺寸。同时，以单个构件作为模数单元也方便提前预制。伯鲁乃列斯基是首个使用预制柱子的建筑师。比例和透视将设计、建造和表现合为一体。

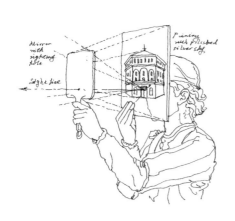

△伯鲁乃列斯基的透视法

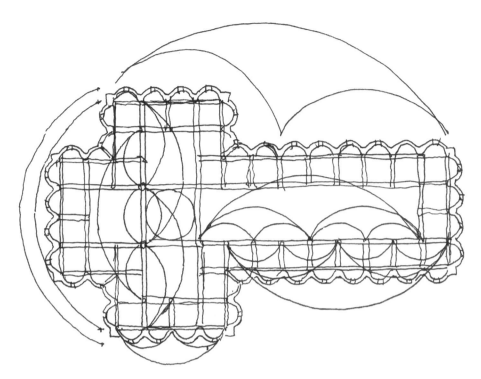

△圣灵教堂平面比例

△圣灵教堂室内透视效果

6. 巴齐礼拜堂
Cappella Pazzi

建设时间：1429—1473年
建筑师：伯鲁乃列斯基（Brunelleschi）等人
地址：Basilica di Santa Croce，Piazza S. Croce，16，Florence
建筑关键词：伯鲁乃列斯基；巴齐家族；比例

　　巴齐礼拜堂位于佛罗伦萨圣十字教堂内。1423年，教堂遭受火灾，损毁严重，佛罗伦萨许多贵族家庭出资重修，巴齐家族为其中之一，并聘请伯鲁乃列斯基设计了位于教堂一角的家族礼拜堂。由于建设周期长，可以确定的是平面出自伯鲁乃列斯基之手。但与早前完成的老礼拜堂不同，这个建筑受制于既存墙体，虽然格局近似，但平面为长方形，比例系统也不相同，在进深上采用了"a:b:a:b:a"的方式，一改之前每跨进深相等的做法。同时，这个建筑也更多地借鉴了古罗马建筑、托斯卡纳地方罗马风建筑元素。

△佛罗伦萨圣十字教堂内景

扩展知识

　　巴齐礼拜堂位于佛罗伦萨圣十字教堂修道院内，该教堂是世界上最大的方济各派教堂，现在的建筑建于13世纪晚期。佛罗伦萨历史上许多重要的知识分子都安葬于教堂内，比如但丁、阿尔伯蒂、吉尔贝蒂、米开朗基罗、马基雅维利、伽利略等人，教堂前方广场上还有但丁的塑像。其内部的16座礼拜堂也享有盛名，保存有乔托及其弟子为数不多的湿壁画。由于地处低地（原先为沼泽），教堂及其内部保存的艺术品在1966年佛罗伦萨大洪水中损毁较为严重。

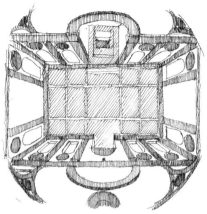

△巴齐礼拜堂剖视图

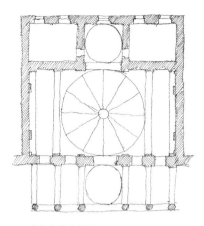

△巴齐礼拜堂平面图

△巴齐礼拜堂室内

7. 美第奇宫

Palazzo Medici Riccardi

建设时间：1444—1484年
建筑师：米开罗佐（Michelozzo di Bartolomeo）
地址：Via Camillo Cavour，3，Florence
建筑关键词：米开罗佐；美第奇家族；府邸

　　美第奇宫位于佛罗伦萨老城中心位置，距圣母百花大教堂仅数十米之遥，两者与美第奇家墓所在地的圣洛伦佐教堂构成了文艺复兴时期佛罗伦萨政治、宗教以及文化的绝对中心。府邸建筑是文艺复兴时期除教堂之外最为重要的建筑类型，开世俗建筑的先河，该建筑又是这一类型早期实例。建筑师米开罗佐受伯鲁乃列斯基影响，结合古罗马建筑与地方建筑形式，仿斗兽场将整座建筑横向划分成三段，琢石墙面的粗糙程度由下往上依次递减，但并未使用柱式装饰。最上方以厚重的檐口出挑。内部的中庭既有修道院庭院的痕迹，也有对古罗马住宅内部庭院的参考。总体而言，该建筑处于新建筑与中世纪传统转换的节点上。

△阿尔伯蒂设计的鲁切拉宫立面

扩展知识

　　在美第奇宫建设的同时，在城的西侧鲁切拉家族正聘请人文主义者、建筑师和理论家的阿尔伯蒂为自己的府邸换上文艺复兴"立面"。阿尔伯蒂于1452年完成《建筑十书》，是建筑史上继维特鲁威之后最为重要的理论著作。书中对自己所处时代如何化用古罗马建筑遗产做出了详尽讨论，并探讨了从墙结构体系出发，如何将柱式、拱券等元素作为建筑的装饰。鲁切拉宫是阿尔伯蒂的早期实践，为了不与墙体产生冲突，他采用壁柱的形式再现斗兽场的立面。

△美第奇宫内庭院柱廊

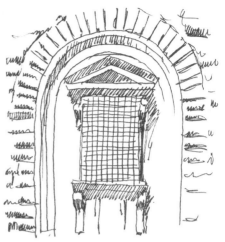

△米开罗佐为美第奇宫底层设计的窗

△米开罗佐设计的美第奇宫内庭

8. 新圣母教堂
Basilica di Santa Maria Novella

建设时间：1456—1470年
建筑师：阿尔伯蒂（Leon Battista Alberti）
地址：Piazza di Santa Maria Novella，18，Florence
建筑关键词：阿尔伯蒂；鲁切拉家族；比例

  新圣母教堂位于老城以西，是多米尼加教派的会堂，13世纪中期时由两位多米尼加修士设计，直至1360年建成，但当时立面只有下半部分建成。中间的大门为圆拱，两旁的小门和其余盲门（墓室）为托斯卡纳哥特传统小尖拱。1456年，在设计鲁切拉府邸时，阿尔伯蒂受到该家族委托，为新圣母教堂设计立面。他希望在保留下部立面的同时，将人文主义崇尚的理性精神表现在教堂的立面当中。阿尔伯蒂的主要手法是在绿色普拉多（Prato）大理石覆面的基础上，用精确的几何划分让人们从视觉感知上认识到数字所代表的宇宙奥秘。教堂的底边长与高度相等，使得教堂立面成为一个正方形。

  阿尔伯蒂为下部的立面增加了一个特别高的饰带，使得饰带以下为正方形的一半，而上部三角形山花的部分则是正方形的四分之一，与其正对的下方大门到两侧小门中线的部分刚好也是正方形的四分之一。山花、柱式以及上部两侧的弧线形装饰都引自古罗马建筑，其中弧线形装饰用以遮挡后方教堂的侧翼，它们又是山花部分正方形的四分之一。阿尔伯蒂并没有忘记自己的赞助人，在饰带下方的楣梁上画满了鲁切拉家族的族徽，同时在山花以下刻上拉丁文：乔万尼·鲁切拉，保罗之子，1470年捐赠。

  除此之外，新圣母教堂中还有文艺复兴早期著名画家马萨乔（Masaccio）所创作的湿壁画《圣三一图》，他对透视的探索有很高造诣。

△新圣母教堂主殿内马萨乔《圣三一图》

△新圣母教堂立面细节

△新圣母教堂主立面

△新圣母教堂内庭哥特式敞廊

9. 洛伦佐图书馆
Biblioteca Medicea Laurenziana

建设时间：1523—1571年
建筑师：米开朗基罗（Michelangelo）
地址：Piazza San Lorenzo，9，Florence
建筑关键词：米开朗基罗；美第奇家族；手法主义

15世纪后半叶开始，文艺复兴的重心从佛罗伦萨转移到罗马，美第奇家族先后诞生了两位教皇。在罗马站稳脚跟后，克莱门特七世回到故乡佛罗伦萨，希望在家墓所在的圣洛伦佐教堂修道院中建设一座图书馆，身为教廷雕刻家和画家，也是同乡人的米开朗基罗被委派此项任务。图书馆位于修道院二楼，由前厅、阅览室、珍档馆组成。由于是在已有的建筑内部加建，因此建筑的长宽都已限定，且是贴着原建筑再建一层墙，这也使得米开朗基罗能够以雕塑化的手法处理墙面，柱子与壁龛都深深凹陷于墙内，非但不承重，反而上升至顶棚，是手法主义建筑重要的实例之一。

△图书馆主室

扩展知识

图书馆前厅中最吸引人注意的当属熔岩般从阅览室"流淌"下来的楼梯，占据了前厅大部分空间，位于正中央。米开朗基罗对楼梯的设计进行过多次修改，在其常年不在场的情况下，最终在建造师阿曼纳蒂（Ammannati）的帮助下完成。整个楼梯分为中间的弧线形主楼梯和两侧直线辅楼梯，且在高度上被切分成三段，每段之间设有小平台，极富表现效果。自此，楼梯这个在传统文艺复兴建筑中属于辅助性的交通空间获得了解放。此设计后来被争相效仿。

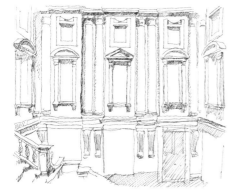

△主楼梯室内板壁装饰

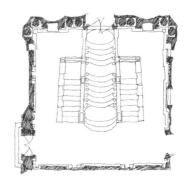

△主楼梯室平面图

△主楼梯

10. 乌菲齐美术馆

Galleria degli Uffizi

建设时间：1560—1581年
建筑师：瓦萨里（Giorgio Vasari）等人
地址：Piazzale degli Uffizi，Florence
建筑关键词：瓦萨里；美第奇家族；城市设计

　　乌菲齐美术馆最初由佛罗伦萨大公、美第奇家族的科西莫一世出资建造，由米开朗基罗的学生瓦萨里设计，作为佛罗伦萨的市政办公室，这也是美术馆名称的由来（乌菲齐为意大利语办公室的意思）。进入16世纪，佛罗伦萨的艺术家普遍趋于保守，偏向规矩的学院派，在形式上没有创新突破，只是遵从前人留下的定式，乌菲齐美术馆的设计就是如此。美术馆位于城南靠近阿诺河的条状地块上，被瓦萨里布置为两个三层高、对称的长条建筑，尽端靠河的地方设有一个屏风般的过街楼，保持建筑群内部完整性的同时也与阿诺河的景观在视线上连续。呆板的立面也恰到好处地形成了连续的街道，促成了世界上较早的城市设计。

△从乌菲齐美术馆看向老市政厅

扩展知识

　　瓦萨里不仅是建筑师，也是世界上第一位艺术史学家，他的著作《艺苑名人传》则是第一本艺术史专著，出版于1550年。由于广受欢迎，1568年再版时部分扩写。这本书以传记的方式记叙了从13世纪到16世纪中期术家的活动，以佛罗伦萨人为主。虽然全书终于瓦萨里自己的时代，并高度盛赞了米开朗基罗的成就，视之为制高点，但瓦萨里在书中蕴含了萌芽、盛期、衰落的艺术循环论。瓦萨里的书不乏市井传说，曾在某一阶段不受重视，但近年的艺术史研究证实了其真实性，捍卫了该书的历史地位。

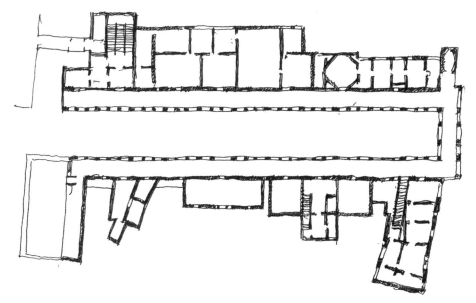

△乌菲齐美术馆平面图

△乌菲齐美术馆顶层展廊

11. 佛罗伦萨火车站
Stazione Firenze Santa Maria Novella

建设时间：1932—1936年
建筑师：米开鲁齐（Giovanni Michelucci）及佛罗伦萨理性主义小组
地址：Stazione Ferroviaria，Piazza Santa Maria Novella，Florence
建筑关键词：米开鲁齐；理性主义；新旧关系

　　佛罗伦萨中央火车站建于意大利法西斯时期，位于老城外围、新圣母教堂对面。虽然官方建筑崇尚古罗马复兴式和文艺复兴式，但墨索里尼为了推动意大利的现代化，同意工厂、邮局、火车站等新类型建筑采用现代风格。佛罗伦萨火车站就是在这种思想下，由官方举办竞赛获得的结果。当时已经在罗马执业的托斯卡纳建筑师米开鲁齐率领年轻的佛罗伦萨理性主义小组拔得头筹。平面为简单的长方形，主厅不对称布置，并以贯通的天窗强调进出站的流线，至室外门厅降低层高，照应人体尺度。整个建筑强调水平方向发展，匍匐于地上，表达了对一路之隔的新圣母教堂的尊重。

△佛罗伦萨火车站天光细部

扩展知识

　　虽然在佛罗伦萨火车站项目中米开鲁齐表现出了对现代建筑较高的驾驭能力和完成度，但此时他并非现代建筑的信徒，这位出身佛罗伦萨北部皮斯托亚小镇的大师仍旧有着两面性，同时期的建筑作品中有着明显的古典倾向。但对于人体尺度的照顾，对流线的强调、空间的高度整合以及以漫射光形成的通透室内等建筑特征都能在他后期的作品中找到。

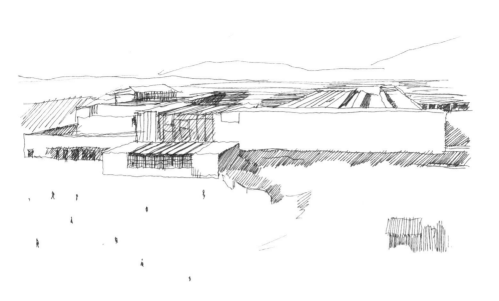

△佛罗伦萨火车站鸟瞰图

△佛罗伦萨火车站候车厅内部

12. 高速公路教堂
Chiesa Autostrada

建设时间：1960—1964年
建筑师：米开鲁齐（Giovanni Michelucci）
地址：Via di Limite，50013 Campi Bisenzio，Florence
建筑关键词：米开鲁齐；城市，建筑，人

高速公路教堂位于佛罗伦萨西北高速公路旁休息区，由意大利高速公路承建公司出资建造，在初稿设计遭到风貌保护委员会反对之后，由当时已经德高望重的米开鲁齐在洗礼堂、主祭坛等部分地基已经完成的情况下重新设计。米开鲁齐改变了原先教堂的朝向，将主祭坛从西北方向，移至东北方向，原先的耳堂处，改成横向的拉丁十字，并在主殿外设置长方形的前厅和朝圣者道路、树庭等作为过渡。基本确定平面后，整个设计在剖面上展开，确定了人在主殿、礼拜堂和走道等不同的活动区域，树冠式的现浇混凝土屋顶落在不同高度的树杈状柱墩上，在遮蔽整个空间的同时形成了相对的分隔。远看如同一顶帐篷，室内外空间通透。

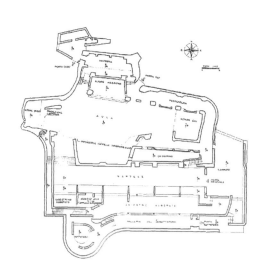

△高速公路教堂平面图

扩展知识

米开鲁齐之所以将教堂平面改成横向的拉丁十字，并偏好室内外空间相互渗透，与二战后宗教改革和他个人的建筑理念有关。1958年若望二十三世宣布"上帝应该为了人民"，鼓励更多人走入教堂，成为兄弟。另一方面，米开鲁齐认为市场是城市中最能自由交流的地方，建筑不应该阻隔这种自由，而是要将其延续到室内中来。这都使得米开鲁齐在作品中设置过道、门厅等进行过渡，同时大面积地使用漫射天光并尽量在一个大空间中分隔小空间，都是为了创造出如同户外市场般的空间感受。

△高速公路教堂立面

△高速公路教堂内部

13. 信托银行大楼加建项目
Casa di Risparmio

建设时间：1954—1957年
建筑师：米开鲁齐（Giovanni Michelucci）
地址：Via Maurizio Bufalini, 4, Florence
建筑关键词：米开鲁齐；新旧关系

　　佛罗伦萨信托银行总部坐落于新圣母玛利亚广场一侧，紧邻新圣母玛利亚医院，地处老城中心，距圣母百花大教堂仅几步之遥。随着银行规模扩大，1953年米开鲁齐受到加建委托。在仔细研究了老城肌理之后，米开鲁齐决定保留现在的外墙，而把加建部分嵌入内庭院，尊重历史文脉。整个建筑为一个长方形体量。从正门进入，迎面即是一个狭长的、走道般的长方形庭院，转过庭院，一墙之隔，就来到了营业大厅，也是整座建筑的主体空间。大厅通高两层，靠外部广场一侧全玻璃窗采光。钢结构支撑的连续小筒拱顶漫射天光，整个大厅沐浴在柔和而敞亮的光效之中。

扩展知识

　　自1948年前往博洛尼亚大学工程系执教以来，米开鲁齐就非常注重新材料结构性能的开发，进入20世纪50年代中后期，他的建筑中出现了对于钢结构、现浇混凝土结构的探索，多用于实现大跨空间，引入柔和的天光。此外，米开鲁齐对历史的研究并不仅限于尊重肌理，他在对帕拉迪奥别墅进行研究之后，认为应该打破建筑室内外的界限。在他的建筑中经常会出现贴着建筑边界的路径，比如信托银行加建项目中，大厅二层沿着墙壁的一圈走道，让人能在建筑内部观察外部环境，消除室内外的绝对隔阂。

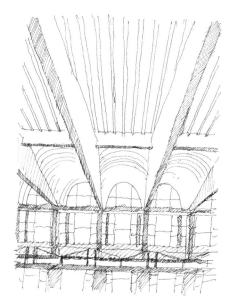

△信托银行大堂屋顶采光

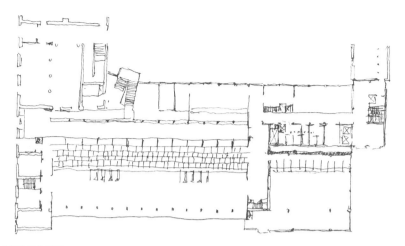

△信托银行平面图

△信托银行大堂室内

14. 伙伴影院
Teatro della Compagnia

建设时间：1987年
建筑师：阿道尔夫·纳塔里尼（Adolfo Natalini）、法布里奇奥·纳塔里尼（Fabrizio Natalini）
地址：Via Camillo Cavour，50/R，Florence
建筑关键词：纳塔里尼；新旧关系

  伙伴影院位于老城中心，斜望可见美第奇宫。建筑师纳塔里尼兄弟保留了原先的立面，并对既存结构进行再利用。建筑在一条长向轴线上依次展开，从低调的大门进入筒拱覆盖的走道，迎面可见八角形的售票厅，其后是长方形的休息厅作为入口和放映厅之间的缓冲，同时隐藏了放映厅在轴线上的偏移。放映厅在空间上使用了古罗马剧场的布局，同时两边的包厢也使用了历史抽象形式进行刻画，整座建筑表现出了后现代对历史元素的青睐。

扩展知识

  有趣的是，纳塔里尼兄弟中的阿道尔夫曾经是佛罗伦萨20世纪60年代最负盛名的先锋主义小组 "Superstudio" 的领头人，主要负责小组的理论建构。自1966年成立至1978年解散，"Superstudio" 一直以旗帜鲜明地反建筑传统为人所熟知。无论是他们早期作品 "连续纪念物" 以基本几何体探讨建筑与城市景观的原始建构，还是 "12座理想城市" 有关城市的个体需求和心理感知最大化的讨论，抑或是 "生活，教育，庆典，爱，死亡" 展现的人类生活游牧式图景，都是在从本源上重新思考建筑，在当时带来了极大的理论和视觉冲击。

△ Superstudio 的作品 "连续纪念物"

△伙伴影院放映厅室内

△伙伴影院走道

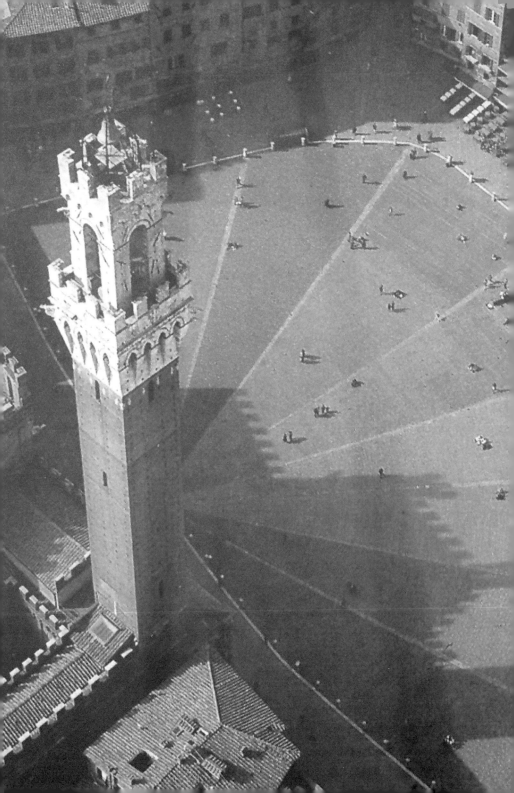

3.1.2　锡耶纳
Siena

　　锡耶纳位于佛罗伦萨北部山区，是锡耶纳省的省会，托斯卡纳大区重镇之一。初建于伊特鲁里亚时期，后相传为罗马城创建者之一的罗穆斯之子为躲避其伯父罗慕路斯的迫害所创，因此，锡耶纳在罗马时期处于相对落后的位置，远离罗马人修建的大道。直到伦巴第人入侵，为切断拜占庭的反攻，伦巴第人修改了原来的路径，锡耶纳因此得益而繁荣，并于12世纪初城中占据三个山头的主要部落合为锡耶纳共和国。由于政治稳定，经济繁荣，中世纪的锡耶纳在文化上也大放异彩，著名的锡耶纳画派最终促成了"国际哥特式"。除此之外，共和国在城市管理上也独具匠心，著名的坎波广场就是共和国时期的杰出公共作品。12—13世纪，由于罗马陷落，有着罗马血统的锡耶纳城也希望通过建造大教堂来成为罗马的继任者，这开启了锡耶纳和佛罗伦萨旷日持久的争夺战。在共和国末期锡耶纳终于和佛罗伦萨爆发了长达八年的战争，不幸落败而转投西班牙皇室，但后者却为了与美第奇家族交好而将锡耶纳置于佛罗伦萨的统治之下，自此直到19世纪意大利统一，锡耶纳均为佛罗伦萨的属城，其文化发展受到制约，整座城市也封印在13—14世纪的黄金时代。

1. 锡耶纳建筑地图

重点建筑推荐：

1 坎波广场（Piazza del Campo）

2 主教堂建筑群（Duomo di Siena）

2. 坎波广场
Piazza del Campo

建设时间：1349年（铺地完工）
建筑师：佚名
地址：Il Campo，53100，Siena
建筑关键词：中世纪广场；排水系统；城市自治

    锡耶纳的坎波广场位于老城中心，三面环山，是其间唯一一块较为平整的谷地和汇水处。地形上的特征使得它在13世纪左右逐渐成为生活在山地上三个社区共同的市场，并最终促成了锡耶纳城市的形成，市政厅（Palazzo Pubblico）也设在广场的最低点。1349年广场完成了铺装，贝壳型的广场被划分为9块，铺以红砖，以白色石灰华勾边，以此象征治理锡耶纳的九人委员会所定下的条令。锡耶纳以良好的市政治理闻名，使其在中世纪晚期迅速崛起，甚至早于佛罗伦萨。锡耶纳画派的画家安布罗乔·洛伦泽蒂（Ambrogio Lorenzetti）在1338—1339年所创作的绘画《良好治理的寓言》，就是以锡耶纳城市为原型进行的创作。

△坎波广场剖面图

扩展知识

    巨大的坎波广场如今是人们休闲的好去处，在这里还会举办两年一次的赛马大会。但它却更是科学管理城市的早期先例。整个广场地势由北向南降低，在贝壳形铺地下方隐藏着城市汇水和蓄水设施，接纳从四周山地上流泻下的水，并送到指定的城市供水点。1419年在广场制高点中心建造的欢乐喷泉（Fonte Gaia）就是这一系统的外显。

△坎波广场上锡耶纳市政厅内庭

△坎波广场鸟瞰图

3. 主教堂建筑群

Duomo di Siena

建设时间：1196—1348年
建筑师：乔万尼·德·奥古斯丁诺（Giovanni di Agostino）、乔万尼·比萨诺（Giovanni Pisano）
地址：Piazza del Duomo，8，53100 Siena
建筑关键词：托斯卡纳罗马风；法式哥特

　　锡耶纳主教堂建筑群位于老城的山坡上，是锡耶纳三座位于山地上的大型教堂建筑群之一（另两座为位于老城西北方向的圣多明我圣殿和东北方向的圣方济各圣殿），于12世纪末在9世纪的建筑基础上进行重建，历经上百年于14世纪中叶完成结构，是典型的融合了托斯卡纳罗马风、法式哥特建筑的晚期意大利中世纪教堂，为佛罗伦萨圣母百花大教堂建设的先声。立面和室内采用大量黑白大理石作为饰面，是锡耶纳城市徽章的象征。

△锡耶纳主教堂立面

扩展知识

　　锡耶纳主教堂四个立面各有特色，但装饰最为繁复的当属充当主入口的西立面，根据13世纪时的画家乔万尼·比萨诺的设计稿修改完成，主要雕塑也由比萨诺的团队完成。下方的三扇大门及其弦月窗和周边的雕塑完全按照比萨诺的设计，刻意强调了内部中殿加侧廊的空间划分。上部完工于比萨诺离开之后，装饰更为细密，受到了奥尔维耶托主教堂（Orvieto Cathedral）立面装饰的影响，且立面最终高度超过了中殿的高度。室内除了黑白大理石柱子和墙壁之外，更以精美的马赛克铺地著称。

△锡耶纳主教堂建筑群

△锡耶纳主教堂室内

3.1.3 比萨
Pisa

比萨位于托斯卡纳大区北部，阿诺河的入海口，曾是历史上重要的港口，初为伊特鲁里亚人所建，很早就与希腊人和高卢人在海上通商，很长一段时间是自热那亚到奥斯提亚（罗马南部港口）之间唯一的海港，足见其重要性，历来为兵家必争之地，也因此城市一直颇为繁荣。在罗马、伦巴第、神圣罗马帝国等轮番统治之后，比萨于11世纪达到黄金时代，成为当时意大利四个海上共和国之一。比萨主教堂建筑群就始建于这一时期，在政治和经济上达到全盛的比萨也希望能在艺术上有所成就，建造出了具有比萨地方特征的哥特建筑，如今比萨以闻名世界的斜塔著称，更因为传说中伽利略的斜塔实验增添了几分科学色彩。除此之外，比萨至今还保留了20多座极具特色的教堂，大部分源于这一时期。然而在随后的两个世纪中，比萨在海上遭受重创，接连被威尼斯人和热那亚人打败，13世纪末热那亚人重创比萨，并用沙土填埋其港口，阻断其海上商贸。不甘屈居人下的比萨又试图与佛罗伦萨竞争，但最终臣服于佛罗伦萨，成为后者众多下属城市中唯一的通商口岸。

1. 比萨建筑地图

重点建筑推荐：

■ 主教堂建筑群（Duomo di Pisa）

2. 主教堂建筑群
Duomo di Pisa

建设时间：1063—1180年（主体结构完工）；1363年（洗礼堂完工）；1372年（比萨斜塔竣工）
建筑师：布斯克多（Buscheto）、雷纳尔多（Rainaldo）等
地址：Piazza del Duomo, 56126 Pisa
建筑关键词：罗马风建筑；比萨斜塔

　　比萨主教堂始建于1063年，选址在城外的墓地，与威尼斯圣马可教堂的建设同期，是两个商业城市相互竞争、彰显自身优势的有力手段。它具有拉丁十字平面，为五跨，两侧殿为双柱廊式。耳堂较宽，为三跨。立面装饰精美绝伦，下部划分为七跨，中间三跨较宽，与中殿相对应，两侧各两跨，暗示背后的侧殿，以灰色、白色大理石作为饰面；上部为层层退缩的大理石柱四层敞廊，其背后开窗，作为室内采光。在阳光下敞廊的阴影为立面带来丰富的变化。1363年建成的洗礼堂、1372年竣工的比萨斜塔也采用了类似的立面处理。

△比萨主教堂建筑群

扩展知识

　　比萨主教堂建筑受到各种建筑风格的影响，比如为了与圣马可教堂相抗衡，最初采用了拜占庭建筑常用的希腊十字，椭圆形的穹顶也受到摩尔式建筑的影响，但总的来说，该教堂是较为典型的罗马风建筑。罗马风建筑主要盛行于10—12世纪，吸收了古罗马与拜占庭的建筑特征，以富于装饰性的连续半圆拱著称，由于体量敦实、墙体厚重（双层墙，内填碎石），开口小，室内多用墩柱且以质朴的砖石建造，给人以粗拙的印象。由于比萨主教堂吸收了拜占庭建筑的影响，且采用大理石，所以给人以精致且富丽堂皇的感觉。

△比萨主教堂建筑群旁公墓内庭

△比萨主教堂侧立面

3.2　罗马及其周边

3.2.1　罗马
Rome

　　"永恒之城"罗马是意大利的首都，位于中部，也是世界上为数不多的历经数千年历史依旧扮演着重要角色的城市，是西方文明的摇篮之一。由于在不同历史阶段其文明程度都颇高，所以几乎每个时期都有代表性的艺术成就和建筑作品。根据传说，前753年，罗慕路斯和罗穆斯两兄弟战胜其他部落，统一七丘，成立罗马，开启了长达一千多年的统治。前2—3世纪，罗马共和国不仅统一意大利全境，并将统治权延伸到整个地中海地区，也使得古罗马建筑在欧洲传播开来。313年，君士坦丁大帝接受了天主教并建立了君士坦丁堡，380年天主教成为国教而罗马帝国一直处于衰落状态，这一定程度上预示了天主教的崛起和西罗马在476年的陷落。在北方游牧民族入侵之后，罗马虽为天主教中心，但教皇本身受制于各皇室，在很长一段时间内一蹶不振，城市面貌也破败不堪。直至尼古拉斯五世在15世纪晚期回到罗马，开启了罗马的文艺复兴，并开始重建罗马，随后历任教皇继承了这项事业，著名的圣彼得大教堂、卡皮多里奥山均建于此时。罗马在1527年再次遭到破坏性入侵，经过短暂的恢复期之后，罗马在天主教"反宗教革命"的政策下继续繁荣，在艺术上继文艺复兴之后配合宗教主题发展出了巴洛克，用更为直观可感的艺术形式感染教众。17世纪以后，随着北方英、法、德等国皇权相继崛起，天主教势力萎缩，但仍具有雄厚的经济实力，是艺术的重要赞助者，继续促进了罗马新古典艺术的发展。罗马于1871年属于统一后的意大利，并成为新国家的首都，天主教退守至国中国梵蒂冈。法西斯时期又是一个对罗马集中进行大规模建设的时期，为了表征意大利民族性和墨索里尼个人的帝国志向，官方建筑采用罗马式或文艺复兴式。二战后，罗马在经历了漫长的重建之后，仍旧扮演着文化之都的角色。1960年，罗马承办了奥运会。1980年，罗马成为联合国世界文化遗产。

1. 罗马建筑地图

重点建筑推荐：

1 万神庙（Pantheon）

2 斗兽场和古罗马广场遗址区（Colosseum and the Palatine Hill）

3 坦比哀多（Tempietto）

4 圣彼得大教堂及广场（梵蒂冈）（Basilica di San Pietro in Vaticano）

5 卡比托利欧广场建筑群（Campidoglio）

6 法尼斯宫（Palazzo Farnese）

7 圣安德肋圣殿（Sant' Andrea delle Fratte）

8 四喷泉教堂（La Chiesa di San Carlino alle Quattro Fontane）

9 巴贝里尼宫 / 国家古代艺术画廊（Palazzo Baberini）

10 圣依华堂（Chiesa di Sant' Ivo alla Sapienza）

11 击剑馆（Casa delle Armi）（未在地图中）

12 太阳花公寓（Casa il Girasole）（未在地图中）

13 迪布尔迪诺住宅区（Quartiere Tiburtino）（未在地图中）

14 埃塞俄比亚路公寓楼（Case a Torre in Viale Etiopia）（未在地图中）

15 罗马奥斯提塞邮政储蓄所（Ufficiale Postale di Roma Ostiense）（未在地图中）

16 小体育宫（Palazzetto dello Sport）（未在地图中）

17 音乐公园礼堂（Auditorium Parco della Musica）（未在地图中）

18 国立 21 世纪艺术馆（MAXXI Museo Nationale delle Arti del XXI Secolo）（未在地图中）

2. 万神庙

Pantheon

建设时间：118—128年

建筑师：佚名

地址：Piazza della Rotonda，00186 Roma

建筑关键词：古罗马建筑；哈德良

　　位于罗马市中心的万神庙建于2世纪，巍立近两千年而不倒，成为古罗马建筑最好的例证。建筑主体平面为圆形，以长方形前厅与外部的门廊相接。门廊最外支撑有8根巨大的科林斯大理石柱，与其后八根柱子共同撑起巨大的三角形山花。内部巨大的半圆形穹顶直径43米，格栅状的顶棚顶部开有"天眼"，自然光倾泻而下，一天之中不断变换着照射角度，人工与自然浑然天成。万神庙自7世纪起就一直作为教堂，其内葬有众多名人，如文艺复兴时期的拉斐尔、卡拉奇、佩鲁齐，意大利统一之后的两位国王也葬于此。

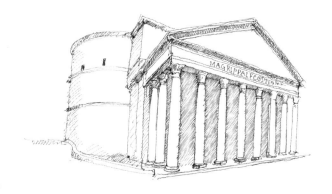

△万神庙门廊

扩展知识

　　自文艺复兴起，建筑师就开始有意识地学习古代建筑。作为古罗马留存至今最为完整的建筑，万神庙历来就是众多建筑师研习的对象，伯鲁乃列斯基在思考佛罗伦萨大教堂穹顶时就曾参考过万神庙的穹顶，其他文艺复兴建筑师则更多的是将其作为集中式平面的参照之一，用于各种教堂的建造中。帕拉迪奥的特殊之处则在于将这一形式用在了民用建筑中，他的圆厅别墅成为建筑史上的又一经典。进入18世纪后，建筑师们已经不满足于学习古代作品，而是通过自己的逻辑推理，企图修改古代建筑的错误，万神庙的后殿正是在此时进行了一次争议不小的"修复"。同时，万神庙被用作原型，不仅常出现在墓地教堂，也化身成许多会堂，对万神庙的化用持续不衰。

△万神庙内景图

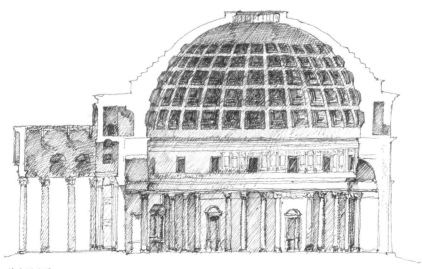

△万神庙剖面图

3. 斗兽场和古罗马广场遗址区
Colosseum and the Palatine Hill

建设时间：前72—80年（斗兽场）；古罗马共和国时期一直到前
4世纪（古罗马广场遗址区）
建筑师：佚名
地址：Via di San Gregorio，30，00186 Roma
建筑关键词：古罗马建筑

　　罗马市中心遗迹散布，但其中最为知名的莫过于相邻
的古罗马广场遗址区和斗兽场。古罗马广场遗址区为罗马
七丘汇聚处的低地，历来用作市场、祭奠、庆典等公共活
动。最早期的神庙位于整个地块的东南角，靠近斗兽场；
罗马共和时期在地块的西北角原先的某些神庙被改造为市
政建筑，使得行政管理机构、纪念性建筑、生活性设施杂
处一处；帝国时期，古罗马皇帝撤除市政厅，建设广场来
进行宣讲、集会等活动，恺撒、图拉真等人相继以建筑来
彰显自己的统治，这种方式一直持续到君士坦丁大帝。

　　斗兽场建筑是世界上最大的露天剧场，平面为椭圆
形，以混凝土和沙砾建造，外表覆以采自蒂沃利的石灰
华，可容纳5万~8万观众。建筑总高4层，主体为拱结构，
因此立面下三层的半圆柱和第四层的壁柱为装饰，是罗马
人对于古希腊建筑的借鉴：首层为多立克柱式，二层为爱
奥尼柱式，三层和四层均为科林斯柱式，站在地面仰望，
向上逐步收缩，变得纤细精巧。底层舞台下方设有迷宫般
的低矮甬道，用以关押上场格斗的奴隶和野兽。

斗兽场 ▷

4. 坦比哀多
Tempietto

建设时间：1502年
建筑师：伯拉孟特（Bramante）
地址：Piazza di S. Pietro in Montorio，2，00153 Roma
建筑关键词：伯拉孟特；盛期文艺复兴

  坦比哀多意为小神庙，位于传说中圣彼得牺牲的地方贾尼科洛山上蒙托里奥圣伯多禄堂内，16世纪初由西班牙皇帝费迪南和皇后伊莎贝拉任命建筑师伯拉孟特设计建造，为圣彼得的纪念性衣冠冢，成为盛期文艺复兴建筑的典范，被后世建筑师，诸如帕拉迪奥，奉为继万神庙之后最完美的圆形建筑。伯拉孟特参考研习了古罗马建筑，比如蒂沃利的灶神庙，以及罗马的海格力斯胜利圣庙，这两座圆形建筑都在外围有一圈科林斯柱廊。伯拉孟特将柱廊限制在一层，替换成更为庄重的多立克柱式，能够体现圣彼得的品性；二层以精巧的围栏替代下方的柱廊，同时暗示延续这一形式。最为创新的部分在于伯拉孟特为圆形建筑覆以穹顶，这是源于他早期在北部受到拜占庭建筑的影响。整座建筑精致小巧，但又能看作日后圣彼得大教堂的原型。伯拉孟特原先为坦比哀多规划设计了外围同心圆方式的庭院，但由于场地限制，方案并未能实施，最终建筑被置放在方形庭院内。从整个建筑的体量和给人的观感来看，目前的庭院尺度略小，使得建筑显得有些局促，也让这个建筑有些美中不足。

△坦比哀多剖视图

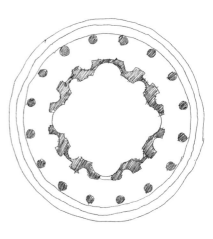

△坦比哀多底层平面图

△坦比哀多外景

5. 圣彼得大教堂及广场（梵蒂冈）

Basilica di San Pietro in Vaticano

建设时间：1506—1626年（教堂）；1656—1667年（广场）

建筑师：伯拉孟特（Bramante）、老桑嘉洛（Giuliano da Sangallo）、拉斐尔（Raphael）、
　　　　佩鲁齐（Peruzzi）、小桑嘉洛（Antonio da Sangallo the Younger）、米开朗基罗
　　　　（Michelangelo）、卡洛·马德诺（Carlo Maderno）、乔凡尼·洛伦佐·伯尼尼（Gian
　　　　Lorenzo Bernini）等

地址：Piazza San Pietro，00120 Città del Vaticano

建筑关键词：盛期文艺复兴；巴洛克

　　　　圣彼得大教堂及其广场是天主教教廷历史上最盛大的一次建设，耗时旷日持久，从盛期文艺复兴一直延续到巴洛克时期，历经1527年的罗马大劫以及之后宗教改革和反宗教改革的波澜，超越了单纯的建筑，刻上了时代的印痕。圣彼得大教堂原先是一座自君士坦丁时期就存在的巴西利卡，为圣彼得埋葬处，也是历代教皇安息之所，在长时间风风雨雨中几经修补，至15世纪末已破败不堪，教廷决定对其重修，作为罗马在天主教治理下复兴的象征。教皇尤里乌斯二世于1506年选中伯拉孟特的设计，采用希腊十字平面，中央穹顶以万神庙为原型，周边四个小穹顶，与圣马可教堂相似。教皇尤里乌斯二世死后，工程由拉斐尔等人接替，拉斐尔将之改为拉丁十字平面，参照原先天主教教堂突出后殿与耳堂。拉斐尔的接替者佩鲁齐大致保留了前任的设计，但重新退回希腊十字，设计没有实施就遭逢罗马大劫。1536年左右小桑嘉洛综合前人的成果给出了一稿设计，并制成木模型，但他的方案折中的部分过多，早已失去了最初宏大的建设愿望。因此，教皇保罗三世于1547年时任命当时已经70多岁的米开朗基罗担任教堂的设计建造工作。米氏重新回到了伯拉孟特的构想——希腊十字平面，强调中央穹顶，周边以四个小穹顶抵抗侧推力，在已建成的四个墩柱基础上完成了教堂核心部分。但是米开朗基罗并没能看到教堂完工，在他死后教皇保罗五世于1602年任命马德诺为执行建筑师，时值反宗教改革盛期，希腊十字与异教关联密切，马德诺在已有建筑上添加了三进，改为拉丁十字，并为教堂设计了宽阔的立面，使得米开朗基罗对于宏大穹顶的构想无法完全实现。17世纪中叶，原先只为教堂内部设计壁龛、圣坛装饰的雕塑家伯尼尼为教堂和周边的复杂环境打造了钥匙状的双柱廊广场，清理了教堂和城市的关系，形成了强烈的轴线，至此，圣彼得教堂的建设落下帷幕。

△米开朗基罗的西斯廷天顶画

The Pieta

△圣彼得教堂立面

△米开朗基罗的第一座《圣殇》

△从圣彼得大教堂望向圣彼得广场和内城

6. 卡比托利欧广场建筑群
Campidoglio

建设时间：1536—1546年
建筑师：米开朗基罗（Michelangelo）；卡洛·艾莫尼诺（Carlo Aymonino）
地址：Piazza del Campidoglio，00186 Roma
建筑关键词：手法主义；城市设计；米开朗基罗

卡比托利欧广场建筑群坐落在罗马七丘之一的卡比托利欧山上，紧邻古罗马广场，为文艺复兴晚期重要的城市设计作品。卡比托利欧山最初是朱庇特神庙的所在地，被罗马人视为永恒的象征。1536年，教皇保罗三世任命米开朗基罗重新整顿当时已残垣断壁的卡比托利欧山。历经27年的大劫，教皇希望通过复兴该地区以震慑西班牙的查尔斯五世。米开朗基罗的设计主要整顿了现有了建筑，并相应地加以新建，形成一个完整的椭圆形广场。但更为重要的是，他一改卡比托利欧原来的上山方向，将其从面向古罗马广场改成面向梵蒂冈，强调了教廷对罗马中兴的重要性。米开朗基罗将元老宫作为椭圆形广场的尽端，在其前方布置了马可·奥勒留的青铜骑马雕像（现为复制品），并为左边的保守宫重新设计立面，同时在其对面设计了新宫以形成倒梯形对称的另一边，这种设计在视觉上获得了更为深远的透视，使得相对狭小的空间显得雄伟壮观。20世纪初，卡比托利欧广场建筑群改为博物馆，主要展出该地区的考古成果和古罗马的雕像。1996年，意大利当代著名建筑师卡洛·艾莫尼诺率领团队对保守宫博物馆进行室内重新布置和扩建。

艾莫尼诺设计的卡比多利欧博物馆雕塑展厅 ▷

7. 法尼斯宫

Palazzo Farnese

建设时间：1517—1580年

建筑师：小桑嘉洛（Antonio da Sangallo the Younger）、米开朗基罗（Michelangelo）、维尼奥拉（Vignola）等

地址：Piazza Farnese，67，00100 Roma

建筑关键词：中晚期文艺复兴

　　法尼斯宫为法尼斯家族在罗马的一处府邸，1493年法尼斯家的亚历山大成为红衣主教，任命小桑嘉洛于1515年起担任主体建筑的设计。1534年亚历山大成为教皇，该府邸的地位也变得愈发重要起来，米开朗基罗受命"打造"更为壮观的府邸。他为主立面二三层的窗户添加了三角、弧线或是断裂的三角形小山花，又以粗糙的琢石、上下两层统筹考虑的方法强调了主入口的重要性，二层的阳台则是对梵蒂冈圣彼得教堂教皇阳台的模仿。米开朗基罗还修改了内庭院，参照斗兽场的做法，从下往上依次使用多立克、爱奥尼和科林斯柱式进行装饰，使得内庭院沉稳庄重。

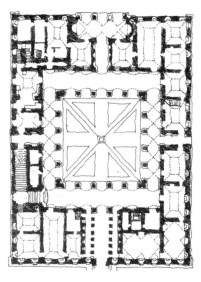

△法尼斯宫平面图

扩展知识

　　法尼斯家族是意大利文艺复兴时期知名望族，不仅在罗马拥有法尼斯宫，也在帕尔玛、皮亚琴察、卡斯特罗等地拥有多处府邸，其中以罗马西北部的法尼斯别墅最为著名。别墅最初为保罗三世任命佩鲁齐设计的五角星形城堡，伫立在山头，于16世纪中期由保罗三世的孙子红衣主教亚历山大任命维尼奥拉将其改建为别墅，其花园为文艺复兴园林的代表之一。

△法尼斯宫内庭

△法尼斯宫正立面

8. 圣安德肋圣殿
Sant'Andrea delle Fratte

建设时间：1604—1826年
建筑师：弗朗切斯科·博罗米尼（Francesco Borromini）等
地址：Via di Sant'Andrea delle Fratte，1，00187 Roma
建筑关键词：盛期巴洛克；博罗米尼

圣安德肋圣殿主体建于17世纪，原先为苏格兰驻罗马国家教堂，1585年苏格兰改宗为改革派，教皇西斯图斯五世遂将该处分给宝拉的圣方济各教派，并重修教堂。建设历经停顿后，由巴洛克时期重要建筑师博罗米尼于1653年接棒，完成了后殿、穹顶的鼓座和钟塔。博罗米尼的鼓座并不似惯常做法那样只是穹顶的一部分，而是自成一体，这也成为塑造穹顶（由后人完成）的重要手段。教堂内主祭坛左右则摆放了同时期雕塑家伯尼尼的两尊天使塑像。

扩展知识

建筑师博罗米尼出生于如今的瑞士提契诺山区，该地区历来以优秀的石匠著称，圣彼得大教堂立面的设计者马德诺（博罗米尼的舅舅）也是提契诺人。博罗米尼崇拜米开朗基罗，并对古代建筑加以细致研究，他对几何的超然把握使他的建筑跻身一流大师的行列，而这是他的同时代人也是最大竞争对手的雕塑家伯尼尼所缺乏的。由于一生饱受抑郁症的折磨，他的作品甚少，后世中也仅有北方的瓜里诺·瓜里尼（Guarino Guarini）对于数学应用于建筑的掌控得到了他的真传。

△圣安德肋圣殿穹顶顶塔

△圣安德肋圣殿穹顶外立面

△圣安德肋圣殿穹顶

9. 四喷泉教堂

La Chiesa di San Carlino alle Quattro Fontane

建设时间：1634—1644年
建筑师：弗朗切斯科·博罗米尼（Francesco Borromini）
地址：Via del Quirinale，23，00187 Roma
建筑关键词：盛期巴洛克；博罗米尼；几何

1634年，博罗米尼接到红衣主教巴贝里尼委托设计建造四喷泉教堂及其内庭院，这是他第一个独立接受委托的项目，也是他的代表作之一。由于建设资金困扰，立面的最后建成在博罗米尼去世之后。教堂占据西南角，用地面积相对狭小，得名于两条古道交叉口的四个喷泉。博罗米尼采用波浪形立面，使三跨立面的两侧向内凹进，中间向外凸出，同时立面的上部向后退缩，屋檐略有起翘。这样，从街角看教堂立面，在视觉感受上无法判断教堂的真实面宽，且向上飞升的立面让人获得了高耸壮观之感，缓解了用地不足带来的窘境。四喷泉教堂最负盛名的当属其精妙的穹顶。整个教堂只有一间类椭圆形室，一步入教堂即为穹顶所震慑。博罗米尼以双椭圆构成穹顶，建筑室内全然粉刷成白色，以漫射光让人暴露在精确几何之下，同时使用了几乎与穹顶同高的鼓座，并将穹顶与下部墙体、柱子融为一体，扩大了穹顶的视觉感受，模糊了人对其真实尺度的判断。从教堂侧门出去，就是一个长方形的庭院，小巧而质朴，有着与教堂截然不同的感觉。博罗米尼通过柱子的布置在视觉上切去长方形的四个角，叠加了一个八边形，丰富了认知层面。

四喷泉教堂穹顶 ▷

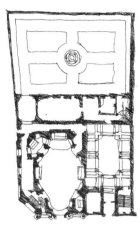

△四喷泉教堂平面图

△四喷泉教堂立面

10. 巴贝里尼宫 / 国家古代艺术画廊
Palazzo Baberini

建设时间：1627—1633年
建筑师：卡洛·马德诺（Carlo Maderno）；乔凡尼·洛伦佐·伯尼尼（Gian Lorenzo Bernini）；
　　　弗朗切斯科·博罗米尼（Francesco Borromini）
地址：Via delle Quattro Fontane，13，00186 Roma
建筑关键词：盛期巴洛克；博罗米尼；伯尼尼

　　1625年，未来的教皇乌尔巴诺八世买下了斯福尔扎家族在城市东南角上的一块地，用于兴建巴贝里尼宫。由于地处郊区，原本想要按照法尼斯宫建造的想法变成了建造一个半府邸、半别墅的混合体，立面明快不厚重，且前有庭院而非临街，更接近一般府邸的花园立面。穿过底层的前厅和一个椭圆形的楼梯厅，即能通过坡道步入后花园，整个建筑空间连贯，前后通透。马德诺在其生命中最后两年得到了这项任务，由侄子博罗米尼辅助，但在马德诺去世后，任务却被直接委托给了伯尼尼。虽然博罗米尼仍旧参与府邸的建造直到完工，但两位建筑师却开始了终其一生的恶性竞争关系。一般认为这是三个建筑师的共同作品，马德诺完成了主体设计，伯尼尼主要建造了左边方形的通高楼梯井、底层的椭圆形楼梯厅及背后的坡道，而右边的椭圆形通高楼梯井和建筑上两层带假透视的窗则出自博罗米尼之手。假透视是博罗米尼惯常手法，用于增加了景深，在有限的空间内获得无限的观感，在同一时期由他设计的斯巴达府邸庭院通道中也使用了同样的手法，使得小庭院获得了曲径通幽的感受。

△伯尼尼设计的方形楼梯厅

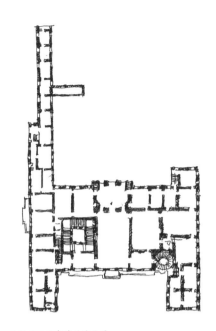

△巴贝里尼宫首层平面图

△博罗米尼设计的椭圆形楼梯厅

△伯尼尼设计的后庭院甬道

11. 圣依华堂
Chiesa di Sant'Ivo alla Sapienza

建设时间：1642—1660年
建筑师：弗朗切斯科·博罗米尼（Francesco Borromini）
地址：Corso del Rinascimento，40，00186 Roma
建筑关键词：盛期巴洛克；博罗米尼；几何；协调既存建筑

　　圣依华堂自14世纪起就是附属于罗马大学的小礼拜堂，位于城市中心，距万神庙、纳沃纳广场等仅几步之遥，也是建筑师博罗米尼又一代表作。建筑坐落在上智宫（Palazzo Sapienza）庭院的尽端，博罗米尼接手时该庭院已经为建筑师贾科莫·德拉·波尔塔（Giacomo della Porta）完成。博罗米尼选择尊重既有建筑环境，在立面的划分、装饰和用材上完全延续了两侧宫殿的立面，只是除了中间的窗户外均为盲窗，以示功能的差别。同时立面为内凹的弧线，加深了庭院的景深，加上高耸的穹顶突显建筑整体高度，此外，还有他在此建筑上的创新——盘旋向上的穹顶顶塔，都使得小礼拜堂更为壮观。室内的穹顶也延续了四喷泉教堂的做法，以整个穹顶覆盖单个教堂空间，只是这次他选择了大卫六角星作为设计的出发点。大卫六角星在当时也被认为是所罗门之星，是智慧的象征，与大学的主题相匹配。博罗米尼使用两个上下颠倒的三角形，并在三条边线上各嵌入一个圆形扩展平面，不使其显得逼仄。建筑室内仍旧上下一体，通体用白色粉刷，但以壁柱代替四喷泉内的整根圆柱，强调高耸入云的向上感，不使柱子的体积影响垂直方向的观感。圣依华堂的穹顶直接落在墙体上方的圈梁上，与四喷泉教堂落在下方鼓座的方式不同，更接近万神庙。

△圣依华堂所在的上智宫庭院

△圣依华堂穹顶顶塔

△穹顶设计几何图示

△圣依华堂穹顶

12. 击剑馆

Casa delle Armi

建设时间：1934—1936年
建筑师：路易吉·莫瑞蒂（Luigi Moretti）
地址：Viale del Foro Italico，00135 Roma
建筑关键词：现代建筑；法西斯时期

　　击剑馆为法西斯时期墨索里尼的官方工程意大利广场内的一座建筑，由建筑师路易吉·莫瑞蒂设计，原本为法西斯实验少年宫，因为主要提供击剑训练，故而又名击剑馆。作为法西斯官方建筑师之一，莫瑞蒂曾设计过多座少年宫建筑，是少年宫建设项目的技术顾问。即便如此，且有着考古背景，莫瑞蒂的设计并不止步于历史风格，相反，表现出了现代建筑中对空间、结构与材料的探索，透露着对传统的转化。击剑馆主体是一个长45米、宽25米的矩形体量，莫瑞蒂在宽度三分之一处起了一道双向悬挑的混凝土拱，其中长向悬挑的拱形成击剑馆的主体空间，与短边尽端较矮的混凝土拱以天窗相拉结，形成稳定结构。莫瑞蒂将整个室内抹平，拱的弧度恰好漫射由天窗引入的光线，给整个场馆提供充足而均匀的照明。这个设计将结构形式与空间形式和功能需求融为一体，在看似简单一体的空间中划分出了不同的区域，用不同高度的拱刻画了人体尺度和建筑尺度。而将墙体与屋顶以一片混凝土拱来完成的做法还有着对古罗马建筑的致敬，这也是法西斯官方建筑希望获得的再现。建筑外墙以卡拉拉白色大理石覆面，位于意大利广场中央大轴线的一侧，从外部来看，整个建筑用基座抬高，立面三段式的划分也足以表明墨索里尼想要比肩古罗马皇帝和文艺复兴贵族的野心。

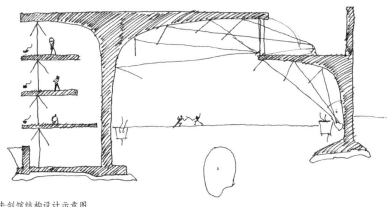

△击剑馆结构设计示意图

△击剑馆透视图

△击剑馆室内

13. 太阳花公寓
Casa il Girasole

建设时间：1950—1951年
建筑师：路易吉·莫瑞蒂（Luigi Moretti）
地址：64 Viale Bruno Buozzi，00197 Roma
建筑关键词：现代建筑；转化传统

太阳花公寓位于罗马市区北部一片大型住宅区，是建筑师莫瑞蒂在20世纪50年代初重返罗马之后的第一个代表作。这个作品中对传统的转化较之先前更为明显。莫瑞蒂一直对巴洛克建筑，尤其是对博罗米尼的作品甚为推崇。他认为巴洛克建筑的特征之一就是无法从一个角度、而必须通过人在建筑中的穿行和运动才能完整地感知建筑。这就解释了太阳花公寓的片段性。三角形山花和三段式的立面划分是对住宅原型的暗示，但其本身的断裂又破解了这种单一的指向。如果转到建筑的侧面，会发现立面只是单薄的一片，更破除了传统建筑对立面的理解。其侧翼连续斜出的窗户制造了片段化的阴影，是对古典建筑中通过柱式来制造阴影的转化。基座中不时嵌入毛石和石膏雕刻的手、脚等，效仿文艺复兴府邸中底层粗糙的琢石立面，同时在光滑平整的现代建筑中引入更多"人"的因素。从1950年开始，莫瑞蒂为了研究一种"调和"的现代建筑语言，创办了"空间"（Spazio）杂志，在其中讨论不同的元素对塑造空间和对空间感知的影响，比如空间结构、色彩、材料、光线等。他也是最早引入参数化来讨论设计的建筑师之一，即将这些不同的元素设定为变量来模拟不同的空间效果。莫瑞蒂在二战后建筑师的探索中独树一帜。

太阳花公寓正立面 ▷

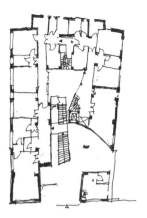

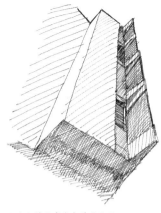

△太阳花公寓底层平面图　　　　　　△太阳花公寓角部看主立面

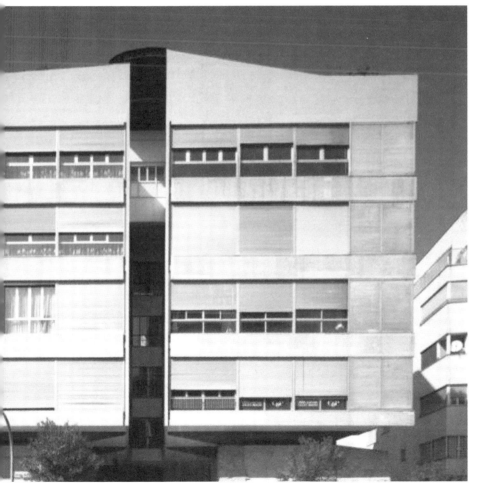

14. 迪布尔迪诺住宅区
Quartiere Tiburtino

建设时间：1951—1954年
建筑师：洛多维科·夸劳尼（Ludovico Quaroni）、马里奥·里道尔菲（Mario Ridolfi）团队
地址：Via dei Crispolti，00159 Roma
建筑关键词：新现实主义；二战后重建

  迪布尔迪诺住宅区是意大利二战后重建的一个重要成果，也是住房建设委员会（INA—Casa）成立之后首个重要建设项目。该项目不仅需要解决战后的住宅紧张问题，更是希望通过增加建设量来降低国内居高不下的失业率。由于意大利战前除了少数诸如米兰和都灵这样的工业城市之外，基本上是一个农业国，农民占据了相当大的比例。这形成了建筑设计上的两个重要考虑：首先，建筑师希望贴近农民的日常生活。包括整个住宅区的规划组织以及建筑语言的表达，都着意模仿意大利农村的布局和农宅的形式，摒弃了现代城市规划横平竖直的模式，更多地注重场所感的营造，场地设计模仿农村景观，建筑则大量采用坡屋顶，并粉刷明快的色彩，增加民居立面中出现的楼梯元素等。这也是受当时意大利新现实主义电影流行的影响。其次，整个住宅区的建设也以人工为主。由于工业化程度低，加之建筑工人以未经培训的农民工为主，建造方式只能较为原始。主持建筑师之一的马里奥·里道尔菲还特意就此于1946年编制了建筑师手册，结合地方建造经验，详细描述了施工方法，以方便建筑师与建筑工人之间的配合。

△迪布尔迪诺住宅区总平面图

△迪布尔迪诺住宅区外观（一）

△迪布尔迪诺住宅区外观（二）

15. 埃塞俄比亚路公寓楼
Case a Torre in Viale Etiopia

建设时间：1949—1955年
建筑师：马里奥·里道尔菲（Mario Ridolfi）、沃尔夫冈·弗兰克尔（Wolfgang Frankl）
地址：Viale Etiopia，00199 Roma
建筑关键词：二战后重建；里道尔菲的新探索

　　建筑师里道尔菲在意大利二战后那几年的重建中扮演着极为重要的角色。一方面为了与现况结合，他首先制定了建筑师手册，推动重建，并以新现实主义的手法参与建造了一批住宅。但几乎在同时，里道尔菲对这种方法产生了质疑，他认为新现实主义中企图用类似装饰的元素"伪善"地仿造农村和农宅的做法并不是真的符合现实。几乎在参与迪布尔迪诺住宅区设计的同时，里道尔菲与自己的搭档弗兰克尔设计了位于罗马埃塞俄比亚路上的公寓楼。与迪布尔迪诺住宅区身处城市却采用反城市的村庄布局和低矮建筑的模式不同，里道尔菲考虑到城市的集约用地原则，采用了塔楼的布局方式。而在建筑本身的处理上，暴露了作为结构的混凝土框架和作为填充墙的砖，同时在窗台、阳台等位置使用不同变化的砌法来进行一定的装饰，使得高层建筑不至于变得枯燥乏味。考虑到意大利夏日炎热的天气，里道尔菲并没有采用平顶，也没有为了形式而采用不经济的坡顶，而是使用了带有一定高度的阁楼层来保温隔热。他的这一实践影响了20世纪50年代中期一大批建筑师，清晰的结构与填充部分形成了独特的美学，多用于办公楼、公寓楼、银行和邮局总部大楼的设计中。

△埃塞俄比亚路公寓楼某阳台护板纹样

△埃塞俄比亚路公寓楼坡屋顶

△埃塞俄比亚路公寓楼外观

16. 罗马奥斯提塞邮政储蓄所
Ufficiale Postale di Roma Ostiense

建设时间：1933—1935年
建筑师：阿达尔贝尔多·利贝拉（Adalberto Libera）、马里奥·德·伦齐（Mario de Renzi）
地址：Via Marmorata, 4, 00153 Roma
建筑关键词：现代建筑；法西斯时期

罗马奥斯提塞邮政储蓄所位于罗马市区南部，距圣保禄门遗址和塞斯提伍斯金字塔近几步之遥，虽然位置较偏，但同样位于历史敏感区。1932年法西斯政府举办邮政储蓄所设计竞赛。按照墨索里尼的强国现代化理想，现代建筑只能用于火车站、银行、邮政储蓄所、工厂等新功能建筑，用以表达意大利的现代化进程。在这种情形下，年轻的建筑师利贝拉赢得了竞赛。这是一个传统与现代建筑相结合的作品，虽然完全去除了装饰，建筑本身也按照功能进行排布，但对称的布局，尤其是建筑祭坛般的形式投射出了古典建筑的影子。整个建筑好似一座帕拉迪奥的别墅，临街的一面坐落在大台阶形成的基座上，前有门廊，其背后则面向一片花园，开阔舒朗。进入大厅则氛围迥然不同，椭圆形天窗投射下的漫射天光，使得整个大厅通透明亮，同时也暗示了下方的操作流线。大厅空间的轻盈与外部厚重的体量形成了鲜明的反差，丰富了建筑的体验。

△邮政储蓄所营业大厅

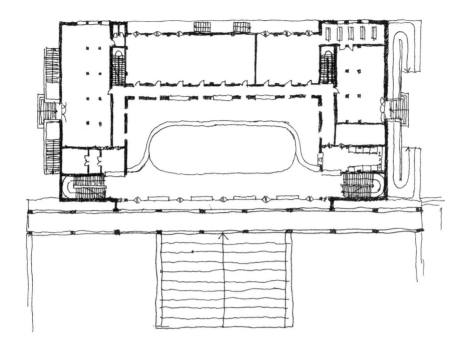

△邮政储蓄所底层平面图

△邮政储蓄所外观

17. 小体育宫
Palazzetto dello Sport

建设时间：1958—1960年
建筑师：路易吉·奈尔维（Luigi Nervi）、汉尼拔·维特洛奇（Annibale Vitellozzi）
地址：Piazza Apollodoro I，00199 Roma
建筑关键词：预制大跨建筑；罗马奥林匹克运动会

　　1955年罗马获得第17届奥林匹克运动会的举办权，随即选址建设奥运村，位于罗马市区北部，由汉尼拔·维特洛奇定案、工程师路易吉·奈尔维进行工程设计的小体育宫就是其中一座主要建筑，作为体育赛事和举办音乐会的场地。该建筑为圆形平面，最为著名的是奈尔维完成的屋面结构设计。这个穹顶外部直径78米，内部直径60米，以钢筋混凝土建造，屋面完全由预制模块覆盖，以近似万神庙穹顶的方式在顶部收束，再在接缝处现浇进行模块与模块之间的锚固。其下部以36根Y形枝杈状柱体落地，每根相距10°，直线距离6.3米。内部大厅下沉，使得枝杈柱的部分透漏进自然光线。内部顶棚暗示了结构的模块排布，同时具有一定的装饰效果，简洁美观。奈尔维是意大利著名结构工程师，早在战前他就已经为私人业主设计了许多飞机停机库而蜚声海外。他对结构的把握不仅讲求材料和结构本身使用的合理性，同时还不忘强调建筑所应具有的"美感"，在小体育宫中对万神庙形式的借鉴可以看出他在这方面的追求。他对材料和形式之间的关系有着特殊的理解，他认为某一时期某种材料的使用在达到效率最大化之后会趋于稳定，所产生的形式将变成一种形式习惯印刻在人们的记忆之中。

△小体育宫屋顶模块与下部结构交接细部

△小体育宫外观

△小体育宫穹顶内部

18. 音乐公园礼堂
Auditorium Parco della Musica

建设时间：1995—2002年
建筑师：伦佐·皮亚诺（Renzo Piano）
地址：Via Pietro de Coubertin，30，00196 Roma
建筑关键词：伦佐·皮亚诺；当代剧场建筑

　　音乐公园礼堂位于奥林匹克村内，临近奈尔维的小体育宫，意大利知名建筑师伦佐·皮亚诺于1993年赢得该项目的竞赛。建筑群由三个架高的独立音乐厅环绕着第四个露天的下沉式半圆形剧场构成。三个厅分别可容纳2800人、1200人和700人，与露天剧场共同承担不同规模、不同声效要求的演出任务。文化建筑一直是建筑师皮亚诺的长项，他擅长在场地和项目中挖掘每个项目特定的文化表达。在这个项目中，皮亚诺在场地整体设计时参考了古希腊和古罗马的露天剧场模式，很好地结合了室内外的观演活动，同时唤起人们对剧场最初的记忆。而三个观演厅也如同三只匍匐在地上的甲壳虫般充满野趣。此外，在施工过程中，发现了深埋于地下的一座约前6世纪的别墅。因此，皮亚诺重新调整了设计，为介于最大的和中等的音乐厅之间的遗址保留了考古发掘现场，并在辅助用房中增设了博物馆，以保存并展出挖掘到的物品，为此施工延期一年，也足见建筑师本人和意大利政府对古迹文物的重视。

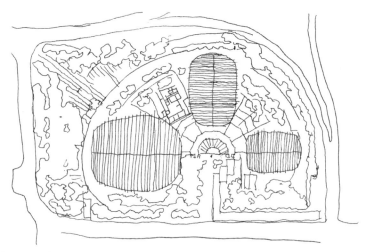

△音乐公园礼堂总平面图

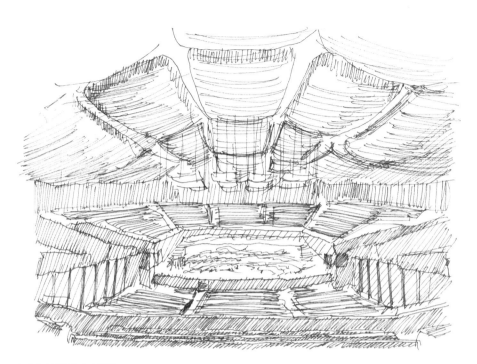

△音乐公园礼堂室内剧场

△音乐公园礼堂室外剧场

19. 国立 21 世纪艺术馆
MAXXI Museo Nationale delle Arti del XXI Secolo

建设时间：2000—2010年
建筑师：扎哈·哈迪德（Zaha Hadid）
地址：Via Guido Reni，4，00196 Roma
建筑关键词：扎哈·哈迪德；当代博物馆建筑

　　国立21世纪美术馆是对前军事基地的改造，已故知名女建筑师扎哈·哈迪德在2000年赢得竞赛，由于其独特的形式，历时十年方建成，且仅完成了原设计案的五分之一。由于地处奥林匹克村，周边文脉语境复杂，扎哈以相互交叠流动的管状空间作为联系周围环境的空间表达，并在入口处轻轻抬起，自然形成入口广场和门厅空间。建筑与临近的房屋之间以微下沉的广场间隔，成为附近孩童的游乐场，加深了与居民的互动。室内的斜向混凝土墙为自承重，贯通上下的楼梯刷成全黑，极富科幻感。除当代艺术品之外，该美术馆也是意大利现当代建筑重要的展览中心和档案馆。

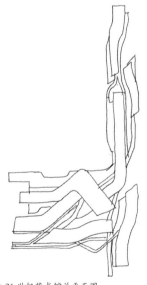

△国立21世纪艺术馆总平面图

扩展知识

　　在男性当道的建筑界，扎哈·哈迪德是少有的取得极高成就的女性建筑师之一。扎哈早年即以其对流动性形式的把握而闻名于世，具有许多男建筑师都望尘莫及的创造力。位于维特拉总部的消防站是其早年的经典案例，一片锋利的悬挑雨棚飞扬跋扈，一改消防站沉闷的形式。但扎哈建筑存在的问题也十分明显，那就是她的设计不考虑结构与施工，导致建筑形式无法落实。维特拉消防站入口处的裂缝，国立21世纪美术馆旷日持久地建设而未能完全落成，以及其他众多建筑项目都暴露出这一弊端。

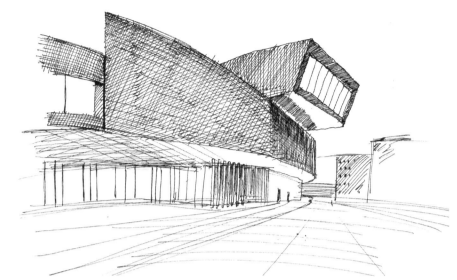

△国立 21 世纪美术馆外观

△国立 21 世纪美术馆内部楼梯空间

3.2.2　蒂沃利
Tivoli

　　蒂沃利是一个山谷小城，位于罗马东北角，与罗马相距约30公里。早在前90年，这里就已经归属罗马。自此之后，由于风光秀美，景色旖旎，许多罗马贵族纷纷前往该地建造别墅离宫，其中最为著名的就是罗马皇帝哈德良在蒂沃利郊区建设的哈德良离宫。随着罗马的衰落，蒂沃利获得了相对独立的自治权，直到15世纪。1461年教皇庇护二世在蒂沃利修建了洛卡皮亚城堡，表明来自罗马的中央权力再次染指蒂沃利，随之而来即是再次在蒂沃利大规模建设贵族别墅和府邸，这一次最为著名的则是埃斯特家族所建的埃斯特别墅。18世纪晚期，随着浪漫主义绘画的兴起，许多北方画家前往意大利采风，蒂沃利也成为重要的描绘场景之一，尤其是现今位于格里高利亚娜别墅内的圆形神庙，这是一座前1世纪左右遗留下来的古罗马神庙，其断壁残垣以及坐落于河谷之上的地理位置，特别受到浪漫主义画家的青睐，也在全世界各地收获了许多复制品。二战期间蒂沃利由于遭到盟军空炸损失惨重。在经过漫长的修复之后，于1999年被联合国列为世界文化遗产。

1. 蒂沃利建筑地图

重点建筑推荐：

1 哈德良离宫（Villa Adriana）（未包含在地图中）

2 埃斯特别墅（Villa d' Este）

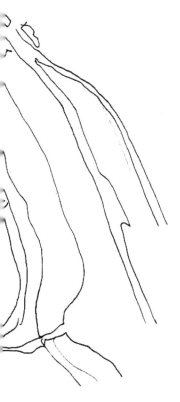

2. 哈德良离宫
Villa Adriana

建设时间：2世纪早期
建筑师：佚名
地址：Largo Marguerite Yourcenar，1，00010 Tivoli
建筑关键词：古罗马建筑；哈德良

　　哈德良离宫坐落于罗马南部的蒂沃利，是建造了万神庙的古罗马皇帝哈德良的一处大型离宫，如今也是最为重要的古罗马建筑群遗存之一。根据哈德良的传记和其他史书记载，蒂沃利历来是罗马的西班牙移民青睐的别墅建造地，此处风景如画，富有诗意，使得父母来自西班牙的哈德良也偏爱蒂沃利，在此建设大规模的离宫，并在离宫建成后将其同时作为办公场所，在蒂沃利发号施令，掌控整个罗马帝国。离宫的布局完全按照哈德良的日常生活来布置，并未经统一规划。哈德良将旅行途中倾慕的建筑搬至离宫中，因此既有古罗马常见的大小浴场、竞技场等建筑，也有受希腊、埃及等地影响的神庙、水池等。其中最负盛名的一组建筑群是克诺伯斯水池及其背后献给塞拉比斯神的龛，灵感源于埃及克诺伯斯城中的塞拉比斯神庙，科林斯柱廊环绕水池一圈，透露出受到希腊建筑的影响，可见哈德良在建筑方面的折中主义思想。而圆形的海上剧场更显露出这位皇帝在建筑设计方面的极大兴趣，整个建筑为两个同心圆构成，外圈为柱廊，内圈以水面相隔，就像是一座孤岛，内部规则地划分为门厅、中庭、浴室、起居等若干房间，实为一座小别墅。在庞大的地面建筑之下，相应地，还有一个同样规模的地下空间，方便仆人走动和运输物资。哈德良为自己在蒂沃利营建的离宫是拥有一个完整系统的小世界。

克诺伯斯水池 ▷

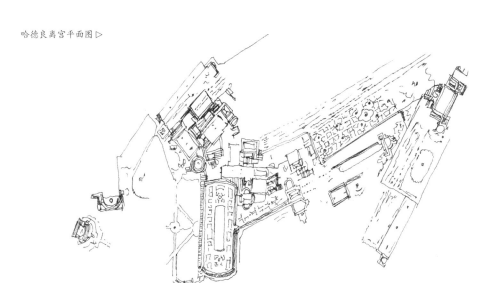

3. 埃斯特别墅
Villa d' Este

建设时间：1560—1572年
建筑师：皮罗·利戈里奥（Pirro Ligorio）、阿尔贝托·加尔凡尼（Alberto Galvani）等
地址：Piazza Trento，5，00019 Tivoli
建筑关键词：文艺复兴建筑；意大利台地花园

　　埃斯特别墅建于16世纪中晚期，是埃斯特家族红衣主教伊伯利多二世（Ippolito II d'Este）的宅邸，建于原先古罗马别墅的遗址之上，埃斯特红衣主教为了扩大园林景观，并购了周边各类建筑，才有了如今的规模。别墅以其内部丰富的水景处理，又被称为千泉宫。整个花园从南部的别墅开始形成南北的主轴线，以人工堆山的方式从别墅到花园高差直降45米，用以制造丰富多样的喷泉景观，为此掩埋了总长约200米的水管。该花园为典型的文艺复兴式，以规则几何划分，除了中轴线外，左右各有一条辅助轴线，又在东西向上划分为五个区域，为规则的30米见宽种植园。

扩展知识
　　意大利文艺复兴时期创造的台地水景花园是意大利园林独有的特色。通常选址在具有天然丘陵地形的地方，是对自然的人工适应，但也有如埃斯特别墅这般，以人工手段进行改造。水景园显示了意大利人在机械控制水利方面的成就，以及将科技和艺术相结合的造诣。通常在每年最初启动水景时还会举办"逐水"的竞技，参与者沿着两旁的台阶追随刚流出的水来博取好彩头。这种台地水景园也可在德国等地见到，可与法国的巴洛克园林相媲美。

△埃斯特别墅

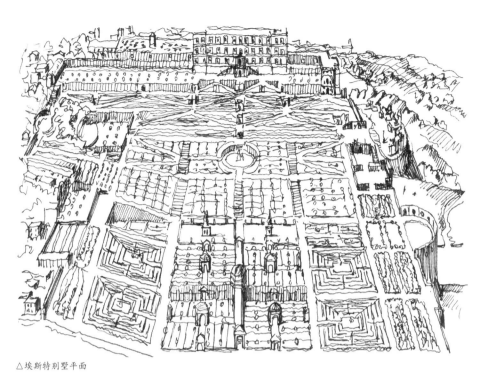

△埃斯特别墅平面

△埃斯特别墅喷泉走道

第四部分
那不勒斯与西西里岛

4.1　那不勒斯
Naples

　　那不勒斯位于意大利南部，是欧洲人口最为稠密的城市之一，也是文明持续存在的地区之一。毁于火山喷发的庞贝古城就是那不勒斯早期人类居所的有力证明。那不勒斯最早为希腊在南部意大利的殖民重镇之一，在希腊陷落、罗马崛起之后，那不勒斯在希腊文明传入罗马的过程中扮演着重要角色。至今在那不勒斯南部的帕埃斯图姆仍旧较为完整地保留了希腊时期的重要古迹。古罗马分崩离析之后，那不勒斯自13世纪起一直到意大利统一都与更南部的西西里岛相联合，成为独立的那不勒斯王国。虽然如此，那不勒斯王国由于在战争中始终落败，一直受制于人，先是法国的波旁王朝，继而又是西班牙的哈布斯堡王朝。但也因此在文化上更为多元。12—13世纪的哥特建筑多受到法国的影响，文艺复兴时期吸收了意大利本土北部的文化，16世纪以后则更多的与西班牙在文化上互为交融。文化的多样性也在本土艺术中有所表现，17世纪的那不勒斯巴洛克就是本土建筑师在结合了罗马巴洛克基础上的再创造。进入20世纪后，墨索里尼时期和二战后重建时期是那不勒斯发展最为迅猛之际。二战中那不勒斯是意大利遭受破坏最为严重的城市，加上其本来人口稠密，经济发展相对北方落后，战后的重建工作尤为繁重。经历漫长的恢复期后，目前那不勒斯已是意大利经济发展排名第四的城市。

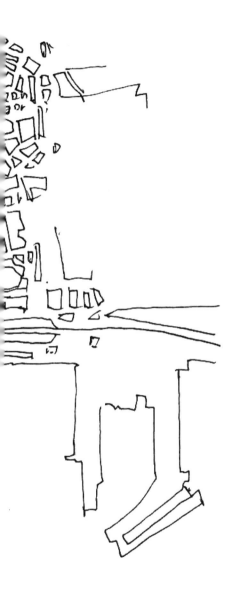

1. 那不勒斯建筑地图

重点建筑推荐：

1. 庞贝古城（Pompeii）（未包含在地图中）
2. 西班牙宫（Palazzo Spagnolo）
3. 奥利维蒂工厂（Stabilimento Olivetti）（未包含在地图中）
4. 母亲博物馆（Museo Madre）
5. 市政广场地铁站（Piazza del Municipio Metro Station）
6. 帕埃斯图姆（Paestum）（未包含在地图中）

2. 庞贝古城
Pompeii

建设时间：前6—7世纪，79年
建筑师：佚名
地址：Via Villa dei Misteri，2，80045 Pompei
建筑关键词：古罗马建筑；现代建筑

　　庞贝古城位于那不勒斯南部，距离维苏威火山仅8公里。79年8月24日维苏威火山的大爆发毁灭了整座城市，但同时也让它保留了古罗马时期的风貌，在两个多世纪的考古发掘中焕发出往日的风采。庞贝的有趣之处在于它首先是一座生活性的城市，因而保留了商铺、住宅等民用建筑以及马赛克壁画、陶罐等生活用品，使得人们能够还原1世纪左右罗马人的生活场景及环境。其次，这座城市于前89年最终臣服于罗马，并非古罗马统一规划的营寨城，这让它获得了罗马的基础设施和剧场、浴场等大型公共设施建设，但却是在原先城市上的叠加，因此多布置在城市四角而非位于城市中心。整座城市虽有主次道路划分，但并无明确的轴线和中心。

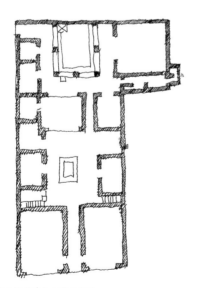

△庞贝悲伤诗人之家平面图

扩展知识

　　庞贝古城不仅是考古学上的重大发现，对建筑学也有着重要意义。从18世纪末期开始，建筑师们就不断拜访这片土地，从古罗马建筑中汲取灵感。到了现代主义时期，住宅成为大家关注的焦点，庞贝的住宅格局也成为重要的参考。其中悲伤诗人之家就受到了包括勒·柯布西耶、海因茨·宾纳菲尔德等在内的著名现代建筑师的研究和转化，该住宅在轴线引导、室内外空间转换等方面给出了良好的案例。

△庞贝市政广场附近

△悲伤诗人之家遗迹

3. 西班牙宫
Palazzo Spagnolo

建设时间：1738年
建筑师：费尔迪南多·圣费利切（Ferdinando Sanfelice）
地址：Via Vergini，19，80137 Napoli
建筑关键词：巴洛克建筑；双层楼梯

　　西班牙宫位于那不勒斯老城市中心，为典型的那不勒斯巴洛克建筑。由于在18世纪末被一位西班牙贵族收购而得名。该建筑建于1738年，由两栋既存建筑拼合而成。最为著名的是其内部面向四方形庭院的双坡楼梯，由于其独特的形式而被称为"鹰之翼"，为庭院形成了丰富的立面。这座楼梯是两栋建筑之间的衔接点，也是社交活动真正发生的场所。这种独特而壮观的楼梯是那不勒斯巴洛克建筑的特点。

扩展知识
　　那不勒斯巴洛克是一种贯穿17世纪到18世纪前半叶的艺术与建筑风格，以其丰富的大理石装饰和对宏伟壮观的表现而著称，在民用建筑和宗教建筑中均有表现，着重刻画主入口、楼梯、庭院、穹顶、立面等位置。其中以庭院楼梯最为突出，楼梯撑满单个庭院立面，通高，往往为双向，根据楼梯的走势相应地刻画立面，不仅气势撼人，且有着丰富的动感。

△转角窗户

△ 西班牙宫剖面图

△ 内庭的楼梯

4. 奥利维蒂工厂
Stabilimento Olivetti

建设时间：1951—1954年
建筑师：路易吉·康森萨（Luigi Consenza）
地址：Via Campi Flegrei，34，80078 Pozzuoli NA
建筑关键词：现代建筑；景观融合

　　那不勒斯的奥利维蒂工厂是企业家阿德里亚诺·奥利维蒂（Adriano Olivetti）在二战后投资建设的厂区之一，由那不勒斯本地著名建筑师路易吉·康森萨设计建造。奥利维蒂家族自战前就一直致力于工业生产如何与社会相结合的探索，希望通过设计改造原先僵硬的机械化生产，为工厂提供社区感，并与环境相融合，改善工人的工作和生活环境。在那不勒斯的这次尝试也同样如此。整个工厂选址在那不勒斯北部背靠山面朝海湾的坡地上，采用台地的方式布置。大门位于最低处，是一个水平长条，不仅承担着城市形象的任务，也是停车库和门卫工作、休息的地方。穿过大门，沿着被绿树遮盖的坡道向上即是一个十字形的建筑，进入南北轴线的大厅就是工厂所在，西部的一翼是厨房等生活辅助设施，东部则是设备等辅助设施。穿过整个工厂再经过坡道向上走入最上层则是另一个水平长条，布置有储物间、车库、保安住宅、配电间等辅助设施。为了更好地适应当地的环境和气候，康森萨不仅将室内外空间相互穿插，还多使用凉廊、环境色等方法帮助建筑融入周边环境中去。整个建筑从外部来看较为低矮，掩映在绿植中，使得工作、生活在其间的人能够尽可能感受到舒适自如。所有的建筑都使用模数和重复的结构模块进行建造。

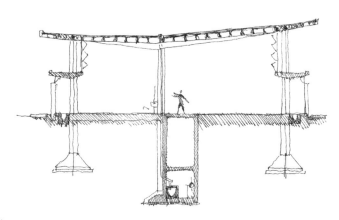

△工厂主体建筑结构剖面图

△奥利维蒂工厂室内

△奥利维蒂工厂室外敞廊

5. 母亲博物馆
Museo Madre

建设时间：2003—2007年
建筑师：阿尔瓦罗·西扎（Alvaro Siza）
地址：Via Luigi Settembrini，79，80139 Napoli
建筑关键词：建筑改造；博物馆建筑

    母亲博物馆位于那不勒斯老城中心，是葡萄牙著名建筑师阿尔瓦罗·西扎于2003年起，在当地建筑师的配合下，对圣母会所在的19世纪三层建筑遗存进行的改造，现为那不勒斯当代艺术馆（母亲博物馆一方面暗指原址为圣母会所在，也是对当代艺术馆意大利文缩写的戏仿）。除展览馆外，整座建筑还设有演讲厅、咖啡馆、书店、儿童游乐区和修复设备间。由于年久失修，改造剥离了原先墙体上所有的表面，并在尽可能尊重原环境的前提下进行。改造清理了20世纪初在庭院中的加建，通过室内中庭的楼梯与展厅相联系。位于底层的演讲厅同时布置了在修复中挖掘出的地层展示。而在侧边和圣母会教堂相连的部分，则清除了之前加建的混凝土体块，使得前来参观博物馆的人能够观赏到教堂的景致，进而暗示了博物馆最初与教堂和圣母会的关系。建筑本身的立面也以窗框和门楣的方式强调出来。整座建筑的屋顶布置了一个花园，不仅可以环绕花园观赏雕塑艺术品，也能从这里眺望那不勒斯老城的全景和远处维苏威火山的景致。该作品是西扎在考虑了改造建筑本身、城市环境和人的活动模式之后逐层分解设计完成，一如他以往的设计那样充满人性化的考量。

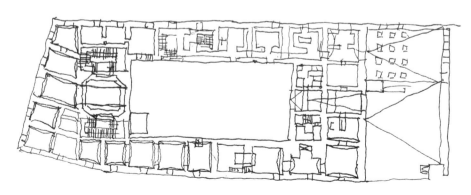

△母亲博物馆平面图

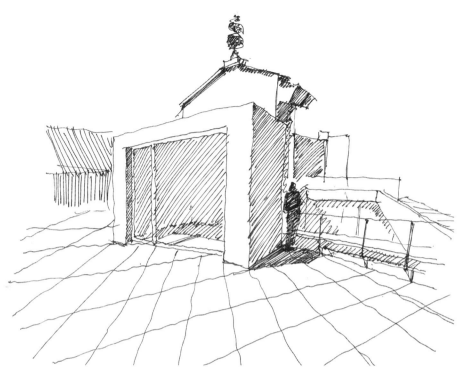

△母亲博物馆屋顶平台

△母亲博物馆内庭院

6. 市政广场地铁站
Piazza del Municipio Metro Station

建设时间：2000—2015年
建筑师：阿尔瓦罗·西扎（Alvaro Siza），爱德华多·索托·德·莫拉（Eduardo Souto de Moura）
地址：Via Medina，80133 Napoli
建筑关键词：城市更新

　　那不勒斯市政广场地铁站是一个交通枢纽，一个考古遗址，也是重新将那不勒斯城市与滨海港口联系起来的契机，早在1994年政府就举办过城市竞赛来将这个区域统一起来。市政广场位于那不勒斯海湾的核心地区，历来就是港口运输重地，但20世纪以来逐渐衰落。此地还是一个历史敏感区域，不仅地面上仍旧有皇宫、城堡和圣卡洛剧院，地面以下更是有着近两千年的历史断层。西扎和德·莫拉两位举世闻名的葡萄牙建筑师，普利茨克奖项的得主，在长达15年的时间中，努力将活着的和死去的断层拼凑在一起，并创造出相互渗透的空间让熙熙攘攘的往来人群感受到历史的沉淀，因此地铁站有一部分是考古博物馆，展示了那不勒斯港的更迭，建筑师特意设计了冗长的过道作为展示空间。室内的墙体基本为灰白相间，这既是两位建筑师一贯采用的手法，也是为了贴近挖掘出的考古物品。同时，该地铁站也是现代艺术的表达，在站厅内一面长达37米的墙体上，当代艺术家以维苏威火山为灵感创作了古朴的巨型壁画，与站内的考古发现相映成趣。流动的人群和现代生活与静止的古代遗迹并置在一起，西扎和德·莫拉为那不勒斯创造了一个独一无二的公共场所。

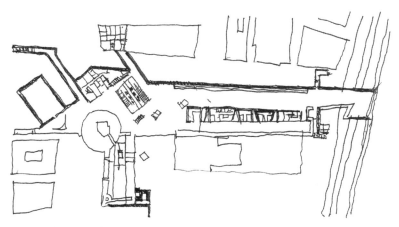

△市政广场地铁站展厅平面示意

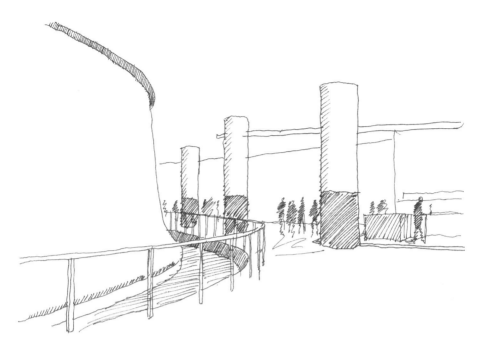

△市政广场地铁站站厅

△市政广场地铁站展厅楼梯空间

7. 帕埃斯图姆
Paestum

建设时间：前600—公元450年
建筑师：佚名
地址：Paestum, Salerno
建筑关键词：古希腊建筑

　　南部意大利在历史上曾是泛希腊地区，位于那不勒斯南部的帕埃斯图姆（希腊时期称波塞冬尼亚）就是其中之一，初建于前600—450年，之后为罗马人占据，到了中世纪早期此地完全被废弃。因为保存完善，该地具有重要的考古和建筑学意义。帕埃斯图姆占地约1.2平方公里，整座城市由城墙环绕，墙基部分至今仍可见。最重要的古迹遗存为三座希腊古风时期的多立克柱式神庙——两座赫拉神庙和一座雅典娜神庙。相比古典时期，这三座神庙的柱头、柱子和楣梁都极为粗大。其中第二座赫拉神庙保存最为完整，包括柱子、楣梁、三陇板以及山花。除此之外，神庙前神道的铺装、圆形剧场、罗马人叠加的广场、英雄墓碑等各类不同年代的考古遗迹均保存完好。帕埃斯图姆也以墓室中出土的绘画著称，以跳水者之墓最为著名，描绘了一个年轻跳水者飘逸地纵身跃入水中，这幅画约出自前5世纪，是古希腊的黄金时期，再现了古希腊文明的辉煌。在帕埃斯图姆出土的陶瓶、雕塑等其他艺术品同样具有极高的艺术成就。

△赫拉神庙遗址中殿

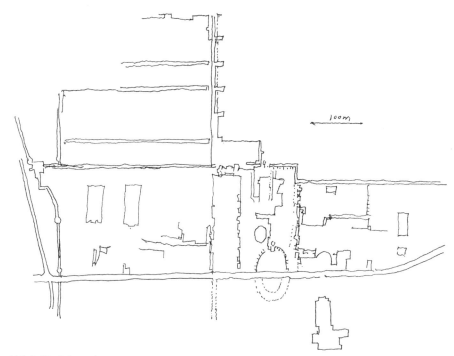

△帕埃斯图姆总平面示意

△雅典娜神庙

4.2　西西里岛

4.2.1　巴勒莫
Palermo

　　巴勒莫位于意大利最南部西西里岛西北角，有着两千多年的悠久历史。由于是天然良港，巴勒莫很早就开始了海上通商，并且是各种权力争夺的焦点，也因此是各种文化的熔炉。早期有古希腊人和腓尼基人在此经商，其后由罗马人统治。在西罗马瓦解后，西西里岛是东罗马最早夺回的地区，使得巴勒莫受到了拜占庭建筑的影响。10世纪初，阿拉伯人控制了全岛，给岛上的建筑带来了阿拉伯—诺尔曼风——体量厚重，开窗小。随后巴勒莫短暂回到天主教和成立的西西里王国手中，巴勒莫主教堂就是建于这一时期。经历了动荡的中世纪之后，从15世纪晚期到18世纪早期巴勒莫以及整个西西里岛一直处在西班牙人的控制之下，在建筑风格上也更多偏向加泰隆尼亚地区的创作风格。意大利统一之后巴勒莫进入了一段全新的发展时期，20世纪初巴勒莫的资产阶级接受了新艺术运动，建起了一大批新艺术风格的别墅。二战中，巴勒莫是少数躲避了战争破坏的城市。二战后巴勒莫的发展虽然受到了政府扶持，但自20世纪50年代起到20世纪80年代遭到疯狂地产投机的阻碍，除此之外，黑手党也是西西里岛的最大隐患。

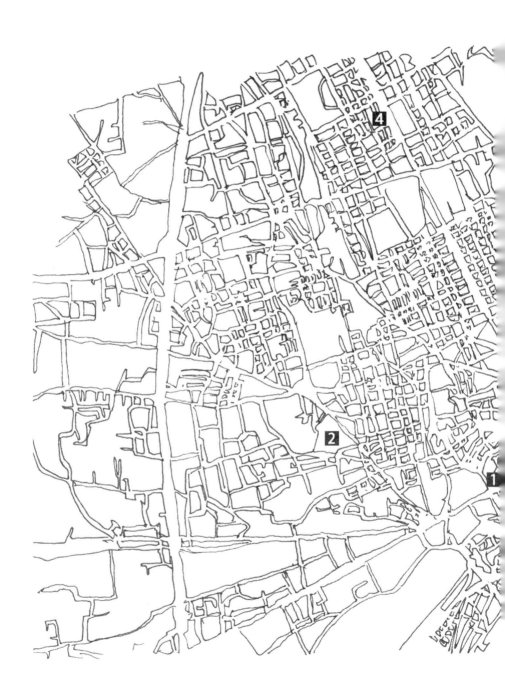

1. 巴勒莫建筑地图

重点建筑推荐：

1 巴勒莫主教堂（Cattedrale di Palermo）

2 齐萨王宫（Castello della Zisa）

3 阿巴特利斯府邸（Palazzo Abatellis）

4 ENEL 巴勒莫总部（Sede dell'ENEL a Palermo）

2. 巴勒莫主教堂
Cattedrale di Palermo

建设时间：自1185年至18世纪
建筑师：安东内洛·加吉尼（Antonello Gagini）（教堂南侧敞廊）、费尔迪南多·傅佳（Ferdinando Fuga）（18世纪的更新和穹顶）
地址：Corso Vittorio Emanuele，90040 Palermo
建筑关键词：教堂建筑；加建

巴勒莫主教堂位于巴勒莫城市中心，是一座献给圣母升天的天主教教堂。起建于1185年，由当时的主教下令建设，原址为一座拜占庭巴西利卡，教堂的主立面极具特色，哥特时期建造的大门两侧是两座塔楼，大门上方则有一座15世纪雕刻的圣母像，整个立面以两道圆形拱券与主教堂的宫殿相联系。立面的复杂已经暗示了这座教堂最大的特色，即在历经数百年的建造中，建筑风格几经更迭。其中教堂在中世纪建造的部分为一座拉丁十字平面的巴西利卡，配有三个后殿。有着拜占庭建筑残存的四角塔楼上部建于14—15世纪。文艺复兴时期则由当地著名建筑师安东内洛·加吉尼增建了从南侧进入教堂的门廊。虽是文艺复兴时期建造，但尖券、两侧的小塔楼以及丰富华丽的雕饰无不透露出拜占庭建筑造成的深刻影响。该教堂最后一次增建发生在18世纪末到19世纪初的新古典主义时期。建筑师费尔迪南多·傅佳综合了现有的元素，为教堂设计了带有新古典特征的立面，同时完成了主穹顶和侧翼小穹顶的设计建造工作。

△巴勒莫主教堂后殿

△巴勒莫主教堂外观

△巴勒莫主教堂南侧门廊

3. 齐萨王宫
Castello della Zisa

建设时间：1165—1175年
建筑师：阿拉伯匠人
地址：Piazza Zisa, 90135 Palermo
建筑关键词：摩尔建筑；伊斯兰艺术

齐萨王宫位于巴勒莫老城城墙之外，是12世纪时巴勒莫国王威廉一世命阿拉伯工匠为其建造的猎宫，至其子威廉二世时方完工，名称中含有"雄伟壮观"之意。1955年收归国有，于1991年完成结构和建筑整体修复，现为伊斯兰艺术博物馆。齐萨王宫是典型的阿拉伯建筑和伊斯兰装饰的结合，这个高三层的宫殿从外部看有着厚重的体量且完全对称，形似一个坚固的堡垒，底层除了三个门廊外完全封闭，二层和三层均以盲券划分出开窗位置，但开窗面积均较小，且每层面积递缩，这是阿拉伯建筑为了适应炎热的气候做出的应对，对于同样炎热的西西里岛来说也适用。工匠们还特意在宫殿前设置一个矩形水池，用以调节温度和湿度，让人联想到位于印度的泰姬玛哈尔陵。除此之外宫殿还受到了摩尔建筑的影响。喷泉厅位于底层中轴线上，是整座建筑的核心空间之一。平面为方形，三面墙上开有壁龛，上方以蜂巢半穹顶作为装饰，这是摩尔建筑中典型的做法。在对着大门的龛中镶嵌着金色马赛克壁画，其下方泉水汩汩流出，不仅是一种景观，也能为室内降温。

齐萨王宫花园立面 ▷

△ 齐萨王宫圣三一礼堂

△ 齐萨王宫喷泉厅

4. 阿巴特利斯府邸
Palazzo Abatellis

建设时间：1490—1495年（初建）；1953—1954年（改建与布展）；1972年（布展）
建筑师：马泰奥·卡尼里瓦利（Matteo Carnilivari）、马里奥·古伊奥多（Mario Guiotto）、阿尔曼
　　　多·迪龙(Armando Dillon)（改建与结构加固）、卡洛·斯卡帕（Carlo Scarpa）（布展）
地址：Via Alloro，4，90133 Palermo
建筑关键词：加泰隆尼亚哥特建筑；卡洛·斯卡帕

　　阿巴特利斯府邸位于巴勒莫老城中心，由建筑师马泰奥·卡尼里瓦利初建于15世纪晚期，为典型的加泰隆尼亚哥特建筑：简单的两层矩形建筑围绕着内部的中庭布置，主入口朝北，位于南北轴线上，两侧各有一个小塔楼，庭院西南立面为双层叠加的柱廊。其后建筑被用作修道院，不仅在几百年的使用中破损严重，且于1943年受到轰炸，政府在将其收回后决定改建为中世纪艺术博物馆，在改建与结构加固完成后，内部陈设由卡洛·斯卡帕主持，分别于1953年和1972年展开。与其他斯卡帕的项目类似，他为底楼的每件雕塑和二楼的每件绘画作品制作了精致的展架，其陈列方式照顾到观者的行进路线，暗示了作品的观看方式。同时，这些作品又直接或间接指向建筑本身，使艺术作品和建筑直接产生联系。悬挑的钢结构楼梯、将"死亡的胜利"这幅湿壁画置于礼拜堂后殿、特意设计的木质展架以示对现存大理石柱廊的致敬、将木质的十字架放置在独立的石头基础上、在安东内洛·达·墨西拿（Antonello da Messina）房间中刻意营造的亲密氛围，这些都是这个博物馆中值得细品的斯卡帕式细节。

△阿巴特利斯府邸展陈

△阿巴特利斯府邸内庭院

△阿巴特利斯府邸主要展览室

5. ENEL 巴勒莫总部

Sede dell' ENEL a Palermo

建设时间：1961—1963年
建筑师：朱塞佩·萨蒙纳（Gluseppe Samona）
地址：Via Marchese di Villabianca，121，90143 Palermo
建筑关键词：现代建筑；朱塞佩·萨蒙纳

　　ENEL公司为巴勒莫的电力公司，萨蒙纳为其20世纪60年代初的经理诗门尼建造了滨海别墅。由于两人的交情，萨蒙纳轻松获得了ENEL总部的设计委托。整个综合体由四个部分组成；面向西北六层高的办公楼为底层架空，楼梯间为圆柱形，屋顶有类似柯布西耶作品中的"漫游物体"；与之呈90°交角的主楼为七层（最高层为一个敞廊），并与东南角的第三栋楼咬合；前两栋楼延续了同一种立面设计，即以石灰华板片和玻璃互相交织形成的一种立面分隔，在萨蒙纳其他公共建筑上也有表现，这种立面划分方式使得主体与次要结构构件之间的关系变得暧昧，也为城市形成了丰富的景观；东南角的第三与第四栋楼一改之前的立面做法，前者采用水泥板和玻璃构成黄金分割，后者以金属框架将整个建筑包裹再细分，同时因为靠近入口，体量再次降低，与城市中的行人构成良好互动。在这个作品中萨蒙纳融入了之前项目的经验，当然在立面划分（黄金分割）、空间处理（建筑漫步）、细部构造（立面的装饰构件）等方面也指涉了特拉尼、柯布西耶和密斯等现代建筑巨匠。在建成之后，该建筑本身也成为其他建筑师学习的对象。

◁ENEL 巴勒莫总部外观

△ ENEL 巴勒莫总部外墙立面细部

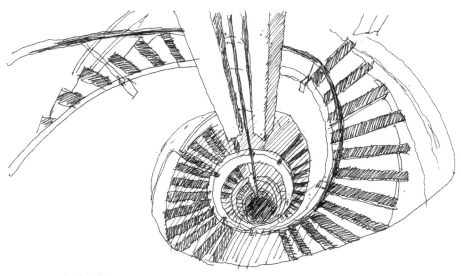

△ ENEL 巴勒莫总部楼梯厅

4.2.2　新吉伯林纳
Gibellina Nuova

　　新吉伯林纳位于西西里岛中部的山区，容纳四千多人居住。1968年，距离新吉伯林纳东部约11公里处的吉伯林纳毁于地震，新吉伯林纳即是一座震后重建的城市。这座城市可以说是一座乌托邦，与老吉伯林纳和周边的其他西西里岛历史区域脱开，完全重新规划设计建成。整个城市由许多意大利著名规划师和建筑师参与其中，由于资金问题，建设从20世纪70年代一直拖延到了2000年后，且大部分建成的项目都带着一定程度的超现实主义和乌托邦色彩，整个城市成为现代建筑的展厅，契合重建时期市长卢多维克·克劳（Ludovico Corrau）对于"人文化"新城的愿景。整个城市以两条主路串起的鱼骨状居住组团构成，沿着主路布置有各项公共建筑和设施，成为市民活动的核心。

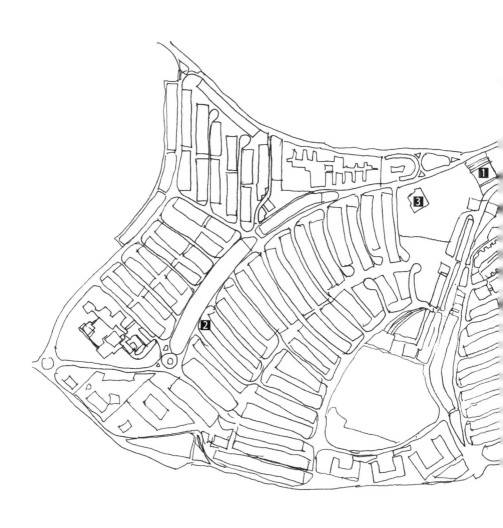

1. 新吉柏林纳建筑地图

重点建筑推荐：

1 吉伯林纳博物馆（Museo di Gibellina）

2 秘密花园 2 号（Il Giardino Segreto 2）

3 母亲教堂（Chiesa Madre）

2. 吉伯林纳博物馆
Museo di Gibellina

建设时间：1981—1987年
建筑师：弗朗西斯科·维尼茨亚（Francesco Venezia）
地址：Via Alberto Burri，2，91024 Nuova Gibellina
建筑关键词：博物馆建筑；阅读场地

　　弗朗西斯科·维尼茨亚是出生于二战后的新生代建筑师中最擅长阅读场地条件、将既有的元素结合到新建筑中以触发建筑时间性的意大利建筑师。他的许多作品中将场地、历史残骸的碎片进行编织，让人想到卡洛·斯卡帕，但不同于这位威尼斯大师将碎片组织成谜语的方式，维尼茨亚的碎片暗示的是类似伯格森所言的隐性时间。吉伯林纳博物馆是维尼茨亚的代表作。该作品是对1968年毁于地震的吉伯林纳的纪念，在这里，缅怀的即是吉伯林纳逝去的时间。从偏于一侧的入口坡道进入，经过块状划分的、模仿吉伯林纳原先土地划分方式的花园，进入长方形的博物馆，迎面即可见原先洛伦佐府邸残破的立面，庭院其他三面墙的空无一物让焦点汇聚在这个立面上，再沿着内部的坡道往下缓行，延长进入室内展厅的时间，让人着意观察新旧交融所呈现的时间。若是从中轴线进入花园并左拐，就能到达一个狭窄的长条形空间，这里只有一条靠墙的长凳，尽头是一道裂缝，一尊蛇形雕塑盘踞着，阳光照射进来，这是查拉图斯特拉静谧的午睡时间。

△吉伯林纳博物馆的静谧长凳

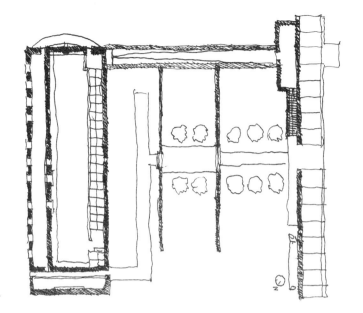

吉伯林纳博物馆总平面图 ▷

吉伯林纳博物馆内庭院 ▷

3. 秘密花园 2 号
Il Giardino Segreto 2

建设时间：1987—1991年
建筑师：弗朗西斯科·维尼茨亚（Francesco Venzia）
地址：Via Nicolò Lorenzo，1，91024 Nuova Gibellina
建筑关键词：阅读场地

　　除了吉伯林纳博物馆之外，维尼茨亚还为新吉伯林纳城设计了两个社区花园。秘密花园2号位于路口，是一座建筑与艺术品完美融合的作品，既完成了本身社区花园的功能，也颇有超现实主义的意味。花园位于一排住宅的尽端，自身如同其他住宅一样隐藏在街区之中，外部由曲面墙体或坡道包裹，主体建筑则是个四四方方的盒子，却没有屋顶覆盖，阳光在内部嬉戏。一如维尼茨亚其他的作品，在秘密花园2号中，五道圆拱镶嵌在新建混凝土墙体中，使得新旧完美融合。方形的内部却需要环绕而行，延伸人在空间中的体验，时间与光影相互配合，让身处其中的人可以感受到时光的流淌。正方形主体空间正中是破碎的一方池水，墙上有雕塑家弥姆·罗特拉（Mimmo Rotella）的浮雕"阳光之城"，水池中央立着另一位雕塑家丹尼尔·斯坡埃里（Daniel Spoerri）的雕塑《半身女像》，正望向"阳光之城"，充满了对逝去的吉伯林纳的哀思与对新吉伯林纳的希冀。

△秘密花园 2 号的窗台

△秘密花园 2 号的走道

△秘密花园 2 号内庭

4. 母亲教堂
Chiesa Madre

建设时间：1972年（设计）；1985—2010年（施工）
建筑师：卢多维克·夸劳尼（Ludovico Quaroni）
地址：Via Alberto Burri，12，91024 Nuova Gibellina
建筑关键词：教堂建筑

　　新吉伯林纳的母亲教堂为意大利现代建筑大师卢多维克·夸劳尼最后的作品之一，设计于1968年地震发生后的1972年，因为资金和施工技术等问题，一直到2010年才完工。夸劳尼早在法西斯时期即已崭露头角，二战后更是成为罗马地区最为重要的现代建筑领军人物，在现代建筑的修正、城市规划和历史保护等领域都做出了卓越贡献。夸劳尼一生都在不懈探索，早年的作品较为收敛含蓄，而在母亲教堂等后期作品中则表现得十分大胆，母亲教堂巨大的白色球体更是让人联想到法国大革命建筑师布雷和勒杜的作品，同时有着超现实主义和乌托邦倾向，球体也为了表达对所有宗教的包容性。主体建筑为四方形，从坡道缓步向上走即可来到教堂所在的平台，迎面是四方形的一角，向两侧裂开露出教堂的入口，进入主殿，球形的一角成为祭坛的一部分。如果不进入教堂，而是从入口左侧的楼梯步入屋顶，即可看到以另外四分之三的正方形形成一个近半圆形的围绕着球体的室外教堂、露天剧场，背后设计了屋顶花园。室内外空间以球形互相暗示，夸劳尼在此试图重新阐释教堂穹顶所能带来的空间效果与意义。

△母亲教堂礼堂内景

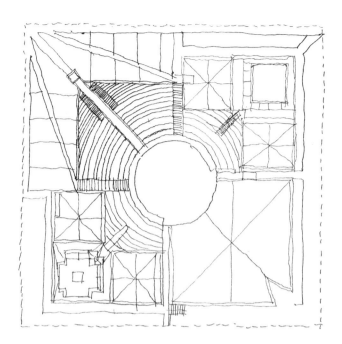

母亲教堂屋顶平面▷

△母亲教堂室外屋顶